码上学技术·绿色农业关键技术系列

大豆
高质高效生产200题

张玉先　谢甫绨　曹　亮　著

中国农业出版社
北　京

图书在版编目（CIP）数据

大豆高质高效生产200题 / 张玉先，谢甫绨，曹亮著
.—北京：中国农业出版社，2022.9
（码上学技术．绿色农业关键技术系列）
ISBN 978-7-109-30074-3

Ⅰ.①大… Ⅱ.①张… ②谢… ③曹… Ⅲ.①大豆—高产栽培—栽培技术—问题解答 Ⅳ.①S565.1-44

中国版本图书馆CIP数据核字（2022）第176553号

大豆高质高效生产200题

DADOU GAOZHI GAOXIAO SHENGCHAN 200TI

中国农业出版社出版
地址：北京市朝阳区麦子店街18号楼
邮编：100125
责任编辑：郭银巧　王琦瑢
版式设计：杜　然　　责任校对：吴丽婷
印刷：北京通州皇家印刷厂
版次：2022年9月第1版
印次：2022年9月北京第1次印刷
发行：新华书店北京发行所
开本：880mm×1230mm　1/32
印张：4.25　　插页：16
字数：160千字
定价：29.80元

FOREWORD

前言

大豆作为我国乃至全球最主要的豆科作物，因其富含蛋白质、油脂和生物活性物质被广泛用于食品、动物饲料加工和医疗保健，随着提取和加工技术的不断进步，大豆还可以用来制作生物燃料、纤维制品、油漆等高端产品，是生产和生活中重要的生物资源。由于土地面积、种植业结构和单产水平的共同限制，我国大豆产能与需求之间存在巨大差距，2022年中央1号文件重点提出“大力实施大豆和油料产能提升工程”。

在扩大种植面积潜力有限的前提下，提高大豆单产是提升大豆产能的唯一解决方案。我国大豆单产与欧美发达国家相比存在巨大差距，除品种和土壤质量因素外，栽培技术落后也是限制我国大豆单产潜力的重要原因之一。从土壤耕作、施肥、播种、田间管理、病虫草害防治、非生物胁迫应对和收获等大豆栽培的每一个环节都应随科学研究进步和经验积累不断改革创新，以适应气候条件和社会整体生产力的变化。因此，本书广泛搜集、整理和融合近年来大豆高产栽培技术研究成果，结合生产实际回答了大豆高质高效栽培过程中可能遇到的问题，以期为我国大豆产能的提升贡献力量。

本书共分为9个章节，190个问题，其中问题1～10由黑龙江八一农垦大学张玉先教授编写；问题127～146由沈阳农业大学谢甫绨教授编写；问题11～126、147～190由黑龙江八一农垦大学曹亮博士编写，全书图片由曹亮博士提供。该书在编写过程中得到了国家大豆产业技术体系各综合实验站和部分岗位专家的鼎力支持，在此表示由衷的感谢。

由于作者水平和能力有限，书中错误和疏漏在所难免，敬请读者批评指正。

著　者

2022年5月

CONTENTS

目录

视 频 目 录

一、大豆基础知识及生产现状

1. 大豆的用途有哪些？

大豆的用途十分广泛，它具有较高的营养价值，蛋白质含量丰富，并含有人体需要的多种矿物质以及人体必需的氨基酸。

（1）大豆是重要的油料作物 大豆、花生、油菜、芝麻为我国的四大油料作物。大豆含油量虽然不及其他油料作物，但大豆种植面积大，总产量高，大豆油约占植物油总产量的1/6。

（2）大豆是重要的饲料作物 大豆加工后所产生的豆粕（饼）是家禽的理想精饲料。大豆秆的营养成分高于麦秆、稻草、谷糠等，是牛、羊良好的粗饲料。绿色的大豆植株可以作为青饲、青贮，或者直接放牧。

（3）大豆在轮作中发挥重要的作用 大豆根瘤菌可以固定空气中的氮素，在作物轮作制中适当安排种植大豆，可以将用地和养地结合起来，从而减缓地力消耗。根瘤菌固定空气中的氮素，既可以节约生产化肥的能源消耗，又可以减少化肥对环境的污染。

（4）大豆是重要的工业原料 大豆是重要的食品工业原料，可以加工成大豆粉、组织蛋白、浓缩蛋白、分离蛋白，大豆蛋白已广泛用于各种食品的生产。大豆可以作为油漆、油墨、人造羊毛、人造纤维、塑料、脂肪酸、卵磷脂及医药工业维生素鞣酸蛋白的原料。

2. 大豆起源于中国的依据是什么？

第一，栽培大豆由野生大豆进化而来，野生大豆遍及我国各地，而且有进化程度高低不同的各种类型；

第二，我国是世界上最早有大豆文字记载的国家，古时候称为“菽”。

3. 我国大豆生产情况如何？

1997年以来，中国大豆的种植面积呈先增后降再回升的趋势。1997—2009年，中国大豆种植面积基本稳定在800万～1 000万公顷。2008年全球金融危机导致大豆价格大幅下跌，为保护豆农利益，国家开始实施大豆收储政策，因此2009年大豆种植面积增加，种植面积为933.86万公顷。2010年起，大豆种植效益低下，部分种植户放弃大豆种植改种其他作物，导致全国大豆种植面积下降，2013年降至704.99万公顷；2014年，国家改为目标价格补贴政策，但补贴金额低于预期，大豆种植收入并没有明显提高，到2015年大豆种植面积为650.61万公顷；2016年起，国家推行实施农业供给侧结构性改革战略，取消玉米临储政策，鼓励农户改种大豆，并且进一步落实了大豆种植补贴政策，使大豆的种植面积有所回升，2018年回升至841.28万公顷。随后，2019年中央1号文件中提出实施大豆振兴计划，其中稳定恢复中国大豆种植面积是三大着力点之一，2020年恢复至987万公顷，2021年有所下降，约为840万公顷。

1997—2005年大豆单产波动平稳，维持在1 700～1 900千克/公顷；2005年以后单产波动幅度较大，2008年单产为1 453.7千克/公顷，相比2007年下降14.6%，这可能是由于2008年我国北方发生了严重的春旱，其中大豆的几个主产省份黑龙江、内蒙古、吉林和辽宁等受灾面积均较大，导致了大豆产量下降。此后，大豆单产稳步上升，2011—2014年波动幅度明显，近几年处于平稳提升状态，2020年大豆单产为1 986千克/公顷，2021年略有下降，单产为1 952.4千克/公顷。

中国大豆产量变化和种植面积变化趋势基本相同。1997—2010年，除2007年大豆年产量降至1 272.5万吨外，其他年份基本维持在年产量1 400万～1 800万吨；2010年起，大豆年产量开始下滑，2013年降至1 241万吨，2014年回升幅度微小，仅比上一年生产增加28万吨；2015年产量降至近十年来最低，为1 179万吨；2016年起大豆年产量回升，2020 年回升至 1 960 万吨，2021 年为 1 640 万吨。

4. 我国大豆进口现状如何?

全球大豆产业较为集中，主要分布在美国、巴西、阿根廷、中国、巴拉圭、加拿大这 6 个国家，2020 年全球大豆产量 36 205 万吨，这 6 个国家大豆产量占到全球大豆产量的 94.3%，其中巴西占 36.6%（13 300 万吨），美国占 31.2%（11 350 万吨），阿根廷占 13.7%（5 000 万吨），这 3 个国家是中国主要大豆进口来源，占进口 90%以上。近年来，随着中国大豆产品消费的不断增长，中国已经成为了世界上大豆进口量最大的国家。2013 年中国大豆进口量仅为6 338万吨，2020 年中国进口大豆 10 033 万吨，首次超过 1 亿吨，较 2019 年进口增加 1 182 万吨，刷新 2017 年进口 9 553 万吨的纪录。

5. 我国大豆进口量不断增长的原因有哪些?

第一，中国人民的生活水平在不断提高，肉类和食用油的消耗逐渐增多。第二，中国畜牧业在快速发展，饲料需求也在逐渐增多。

综合来看，中国大豆进口来源国比较集中，依存度较高，国内的补给速度暂时还不能跟上需求，这也增加了中国粮食安全风险，如果说国际市场的大豆供给出现断链，则会直接影响到中国的食品安全和畜牧业的发展。

6. 大豆振兴计划的重点任务是什么?

（1）完善玉米大豆生产者补贴政策 统筹安排东北地区玉米大豆生产者补贴，按照总量稳定、结构优化的原则，充分考虑平衡玉米大豆种植收益，合理确定玉米大豆具体补贴标准，充分调动农民种植大豆积极性。及早发布玉米大豆生产者补贴政策，释放政策信号，便于农民合理安排生产。

（2）完善耕地轮作试点补助政策 稳步推进耕地轮作休耕制度试点，适当调整实施区域。东北地区主要通过玉米大豆生产者补贴标准调整引导玉米大豆轮作，将黄淮海地区和长江流域纳入轮作试点补助范围。东北地区退出的轮作面积，一部分安排在黄淮海地区，支持开展夏玉米改种夏大豆或夏花生；另一部分安排在长江流域，支持开展玉米大豆轮作或间套作、水稻与油菜轮作。

(3) 加快大豆高标准农田建设 加快建设1亿亩* 大豆生产保护区。将高标准农田建设项目向大豆生产保护区倾斜，改善大豆生产基础条件，建成一批旱涝保收的大豆生产基地。特别是针对东北地区大豆播期易受旱、影响出苗的问题，加强高效节水灌溉设施建设，提高防灾减灾和稳产增产能力。

(4) 加大大豆良种繁育和推广力度 实施大豆重大科研联合攻关，加大大豆育种创新投入，加快培育养分高效利用、高产高油高蛋白、耐密多抗宜机收大豆新品种。继续实施大豆制种大县奖励，开展品种提纯复壮和原种扩繁。推动实施良种选育后奖励政策，调动科研育种积极性。

(5) 加快新成果、新装备推广应用 组织现代农业产业技术体系专家将大豆主产县作为攻关主战场，加快大豆新成果新技术的大面积推广应用。依托基层农技推广、新型职业农民培育工程等项目，加强对基层农技推广人员和大豆种植大户的技术培训。加大大豆耕种收等环节机具购置补贴力度，推广先进适用大豆全程机械化技术及装备，提升大豆生产科技水平。

(6) 开展大豆绿色高质高效行动 在东北、黄淮海、西南地区，选择大豆面积具有一定规模、产业基础较好的县，开展整建制大豆绿色高质高效行动，示范推广高产优质大豆新品种，重点推广垄三栽培、大垄密、窄行密植、麦后免耕覆秸精播、玉米大豆带状复合种植等增产增效技术，实施农机农艺融合，示范县大豆耕种收机械化率基本达到100%。力争在东北、黄淮海地区分别创建一批公顷产量超2 250千克、3 000千克的大豆高产示范县，在西南地区创建一批玉米公顷产量超7 500千克、大豆公顷产量超1 500千克的“双高产”示范县。

---

* 亩为非法定计量单位，15亩=1公顷，以下同。——编者注

7. 大豆振兴计划的实现路径有哪些？

采取政策、科技、投入等综合措施，推动形成大豆振兴的合力。一是调整优化补贴政策扩面积。统筹用好东北地区玉米大豆生产者补贴政策，合理确定玉米大豆补贴标准，完善轮作休耕补助政策，平衡作物间比较收益，调动农民种植大豆积极性。二是依靠科技创新提单产。加快推广具有苗头性的高产优质品种，集成配套绿色高效技术模式，同时加快生物技术在育种上的应用，提升大豆良种繁育能力，释放大豆良种的增产潜能。三是建设高标准农田抗风险。高标准农田建设项目优先向大豆生产保护区倾斜，尽快建设一批旱涝保收的大豆生产基地，提高抗御自然灾害能力。四是发展订单生产增效益。组织大豆加工企业与大豆主产县签订生产订单，根据企业要求，推动规模化、标准化种植，促进产销衔接，实现优质优价。

8. 我国为何要“大力扩大大豆和油料生产”？

近年来，我国大豆和油料的进口依赖度不断增加，而且进口来源相对集中。在新冠疫情反复和国际环境不确定性较大的背景下，我国未来大豆和油料稳定供应面临较大的风险和挑战。“扩种大豆和油料”是强化国内自给能力，稳定我国油脂和饲料供给的重要举措。与此同时，我国在外贸方面也要增加大豆和油料来源，推动进口多元化，降低对单一国家的依赖，降低各种突发事件的风险。

9. 如何发展大豆规模化经营？

大力发展家庭农场、农民专业合作社、农业企业等新型经营主体，充分发挥新型经营主体的示范作用，完善生产服务体系，推进大豆规模化种植，集中采购投入品，降低生产成本，提高单产水平和生产效益，增强大豆市场竞争力和占有率。积极推广大豆生产单环节托管、多环节托管和全程托管等多种托管模式，促进大豆生产节本增效和农民增收。支持各类专业化社会化服务组织，聚焦大豆生产关键薄弱环节，面向大豆生产的小农户开展托管服务，不断提升对小农户服务的覆盖率。加强大豆生产托管的服务标准建设、服务价格指导、服务质量监测、服务合同监管，促进大豆生产托管规范发展。

10. 如何保障大豆产业健康发展？

大力发展大豆精深加工业，突出发展大豆食品加工，促进油脂加工转型升级，拓展精制油专用粕（饼）市场，强化大豆订单生产，建设大豆生产加工基地，通过延伸产业链条、增加种植效益，倒逼带动大豆面积稳定增长、生产投入增加、产量和品质提升。通过“基差采购”“农业订单”，结合期货的“套期保值”“价格发现”等手段，搞活企业经营，促进大豆市场营销。

二、土壤及整地

11. 适合大豆生长的土壤酸碱度是多少？

大豆要求中性土壤，pH 宜在 6.5～7.5 之间。pH 低于 6.0 的酸性土往往缺钼，不利于根瘤菌的繁殖和发育；pH 高于 7.5 的土壤往往缺铁、锰。

12. 酸化土壤怎样改良种植大豆？

（1）施用石灰等碱性物质 石灰在传统农业中应用较为广泛，是较经济、便捷的酸性土壤改良剂。石灰可以中和酸性土壤中的活性酸和潜在酸，缓解铝毒，并生成氢氧化物增加土壤中的钙含量及土壤酶活性。

（2）改良种植制度 长期连作会导致土壤酸化加剧。将豆科作物与禾本科作物轮作或者间作，可减缓豆科作物对土壤的酸化程度。

（3）施用秸秆或生物炭 秸秆还田可将碱性物质带入土壤，而生物炭是由秸秆热解制成，呈碱性，也对酸性土壤具有一定的改良作用。

（4）增施有机肥 有机肥呈碱性，可将盐基离子带入土壤。长期施用有机肥可以缓解土壤酸化，改良酸性土壤。

在实际应用中，可针对不同地区的具体情况将多种改良措施综合应用，起到最佳的改良效果。

13. 大豆土壤退化有哪些表现？

（1）土壤结构性变差，表现在土壤板结、土层变薄、土壤容重增大等。

(2) 土壤生物学性质变差，表现在土壤微生物数量减少，由细菌型向真菌型变化，根部土传病害加重。

(3) 土壤有机质含量降低，有效养分含量下降，土壤供肥能力降低，潜在肥力高，有效肥力低，无法满足大豆所需，大豆长势弱，产量和质量均开始下降。

14. 大豆高、中、低产田是如何划分的？

大豆高、中、低产田的划分方法可分为 2 种：

(1) 平均单产划分法 以大豆平均单产±20%（或 50 千克）为划分依据，产量高于此上限的为高产田，在此范围内的是中产田，低于下限的为低产田。这种划分方法较为普遍，但缺点在于不同地域间的自然因素、农业状况不同。因此，划分结果误差较大。

(2) 障碍因素划分法 《全国中低产田类型划分与改良技术规范》(NY/T 310—1996) 中，将中低产田定义为：存在各种制约农业生产的土壤障碍因素，产量相对低而不稳的耕地。根据土壤主导障碍因素，将耕地划分为中、低产田，将基本不存在限制因素的耕地划分为高产田。

15. 大豆主要有哪些轮作方式？

东北春大豆产区实行一年一熟的耕作制度，主要有以下 3 种轮作方式：

(1) 大豆-小麦-小麦 在春小麦主产区，大豆、小麦是优势作物，常采用此种轮作方式。小麦重茬一次，只要在施肥管理方面跟得上也可获得较好收成。

(2) 大豆-亚麻（小麦）-玉米 大豆在这种轮作方式中可以利用玉米残肥，最容易使大豆高产。大豆茬耙茬后，平播麦、麻，麦、麻皆可获高产。麦、麻收后立即施肥翻地起垄，次年种玉米。这种轮作方式有利于这几种作物的均衡增产。

(3) 玉米-玉米-大豆 东北地区的吉林以及黑龙江省的中南部，玉米和大豆是主栽作物，小麦、亚麻及其他作物面积很小或没有，很难三区轮作，采用玉米重茬一年后作大豆的轮作体系。玉米比较耐重迎茬，连作只要管理得当不减产，而后作大豆又可充分利用其残肥。

（4）玉米-大豆 东北地区北部多采用此种方式进行倒茬种植，采取玉米秸秆还田，深翻或浅混方式，大豆收获后联合整地方式。

16. 怎样提升大豆土壤地力?

可以利用培肥措施和配套基础设施建设，对土、水、肥3个资源进行优化配置、综合开发利用，实现农用土壤肥力的提高，水、肥调控的精准，从而提升耕地土壤基础地力，使农业投入和产出达到最佳效果，增强耕地持续高产稳产能力。

具体措施：通过揭示限制地力提高的关键过程和因素，寻找有效调控途径；通过中低产田土壤障碍因子消减和次生化过程阻控，恢复中低产田地力；通过有机物转化过程及其驱动因子的调控，增加农田土壤的有机质积累；通过土壤物理化学性状的改善，提高农田土壤水分养分源汇容量和缓冲能力；通过测土配方施肥，精准配比作物生长所需营养；通过关键生物过程和生态功能的促进，挖掘农田地力提升的生物学潜力，最终实现农田地力的提升。

17. 怎样培育良好的大豆土壤?

具有生命活力和稳定持续功能的土壤才是良好健康的土壤。土壤良好主要考虑土壤的物理、化学、生物学特性及生态效应，综合国内外学者对土壤健康标准的分析，主要包括以下3个方面：

（1）土壤结构良好，养分平衡，养分含量高且养分有效性好，有利于植物吸收利用，土壤生产力高。

（2）土壤生物群落多样化，能在一定程度上抵御土传病害，土壤生物生态系统运作良好。

（3）能够改善水和大气质量、维护生态环境平衡，具有一定程度的抵抗污染物的能力，间接地促进植物、动物和人类健康。

18. 大豆播种前如何整地?

大豆标准化生产中，多采用平翻、垄作、耙茬、深松等整地技术。

(1) 平翻 多在北方一年一熟的春大豆地区应用。通过耕翻，一方面土壤熟化加速，有利于养分的充分利用；另一方面能创造一定深度的疏松耕层，还可翻埋农肥、残茬、病虫、杂草等，为提高播种质量和出苗创造条件。翻地时间因前作而不同，有时也因气候条件限制有所变化。平翻作业标准为：麦茬实行伏翻，应在8月翻完，最迟不可超过9月上旬。黑土耕深25～35厘米；黄土、白浆土、轻碱土或土层薄的地块翻深不宜超过肥土层。伏翻后，在秋季待土壤充分接纳雨水后耙细耢平。玉米茬、谷子茬和高粱茬应进行秋翻。秋翻必须在结冰前结束，深度可达20～25厘米。秋翻地应在耕后立即耙耢，条件好的地块最好做到秋起垄；没有做到秋起垄的地块在次年春播前再次耙平并镇压，防止跑墒。秋翻时间短促，一旦多雨，则无法进行，只能待翌年春翻。春翻应在土壤“返浆”前进行，耕深15厘米为宜。一般来讲，伏翻好于秋翻，有利于土壤积蓄雨水；秋翻好于春翻，防止春播前水分过多丧失。但如果秋翻不适时，水分过多，形成大土块，效果反而不如春翻。翻耙后土壤应无大土块和暗坷垃，每平方米耕层内直径大于3厘米土块应少于3个。

(2) 垄作 是东北地区常用的传统耕作方法。耕翻后作垄，能提高地温，加深耕作层，增强排涝抗旱力。前作为玉米、高粱或谷子，以原垄越冬，早春解冻前，用重耢子耢碎茬子，然后垄翻扣种，垄翻后及时用镇压器镇压垄台，防止跑墒。起垄标准为：垄向要直，50米长直线度误差为±5厘米，垄距误差±2厘米，垄幅误差±3厘米。垄体压实后垄沟至垄台的高度为18厘米，垄高误差±2厘米。

(3) 耙茬 耙茬是平播大豆的浅耕方法。此法可防止过多耕翻破坏土壤结构，造成土壤板结，并可减少深耕机械作业费用，提高标准化生产效益。东北春大豆区，耙茬浅耕主要用于前作为小麦的地块。小麦收后，用双列圆盘耙灭茬，对角耙两遍，翌年播前再耢一遍，即可播种。

(4) 深松 深松耕法采用机械化作业，方法多样，机动灵活，是一种很有发展前途的耕法。黑龙江省机械化程度较高的农场，大豆种植区80%以上已经采用。利用深松铲，耕松土壤而不翻转土层，实行间隔深松，打破平翻耕法或垄作耕法的犁底层，形成虚实并存的耕层结构。垄底深松深度一般15～20厘米，不宜过深，垄沟深松可稍深，一般可达30厘米。同时，以深松为手段还可同时完成追肥、除草、培土等作业，有利于大豆标准化高效生产。

大豆联合整地作业

19. 土壤翻耕深度要注意哪些事项?

耕层厚、土层松软，增加翻耕深度有利于储水保墒，加快有机质矿化。在多风、高温、干旱地区或季节，深耕会加剧水分丢失。对于耕层较浅地区，翻耕过深易将底层的还原性物质和生土翻到耕层上部，未经熟化，对幼苗生长不利。一般情况下，土层较厚，表、底土质地一致，有犁底层存在或黏质土、盐碱土等，翻耕可深些；而土层较薄，沙质土，心土层较薄或有石砾的土壤不宜深耕。在干旱、多风地区不宜深耕，否则会造成失墒严重，提墒困难。同时，翻地越深，生土翻到地面也越多，不利于作物的生长发育。此外，耕地深度还要根据农机具性能和经济效益而定，一般机械翻地深度以18～20厘米为宜。

20. 如何确定土壤翻耕的宜耕期?

翻耕是对土壤的全面作业，只能在作物收获后至下茬作物播种前的土壤宜耕期内及时进行。我国北方地区伏、秋耕比春耕更能接纳、积蓄伏秋季降雨，减少地表径流，对储墒防旱有显著作用。伏、秋耕比春耕能有充分时间熟化耕层，改善土壤物理性状，能更有效地防除田间杂草，并诱发表土中的部分杂草种子。盐碱地伏耕能利用雨水洗盐，抑制盐分上升，加速洗盐效果。此外，伏、秋耕能充分发挥农机具效能，播前的准备工作也有充裕的时间，赢得了生产的主动权。总之，就北方地区的气候条件及生产条件而论，伏耕优于秋耕，早秋耕优于秋耕，秋耕又优于春耕。春耕的效果差主要是由于春季翻耕使土壤水分大量蒸发，严重影响春播和全苗。翻耕的宜耕期一般在土壤最大持水量的60%～80%间进行。

21. 秋整地好于春整地的原因是什么?

北方秋、冬、春降水量少，只有保住土壤中有限的水量不失墒，春播时方能保证及时播种、出全苗、出齐苗、出壮苗。

视频1 大豆秋整地作业

入冬后土壤从表面开始向下结冻，下面未冻土壤的水汽通过土壤孔隙向上运动，在已冻的耕层结霜，使耕层土壤水分增加，甚至超过土壤正常含水能力。春季开化后，上层土壤先化，融化的冻霜使土壤含水量很高，但下层仍然结冻，过量的水无法下渗，则通过毛细管向上运动，水分多时可使土表湿润，这就是返浆。当土壤化透后，水分下渗，耕层水分迅速减少。

如春天整地，由于春季风大，在整地过程中返浆水大量散失，整地后增温快，下部未解冻的土壤很快化冻，由于春季缺透雨，水分不能及时补充，使得耕层中的水分大量减少，墒情很差，甚至无法播种。秋整地春季不动土，返浆水保留在耕层，而且秋整地后耕层土壤孔隙大，地下水可能更多地进入耕层的孔隙内，增加耕层中土壤的含水量，所以秋整地的土壤墒情要明显好于春整地。

22. 秋起垄的优点有哪些？

（1）疏松土壤，提高蓄水能力 我国北方年降水量少，春天经常发生干旱，因此，播种保苗的难度很大，必须做到春墒秋保。秋起垄既可疏松土壤，又可以减少土壤水分的蒸发。

视频2
大豆起垄作业

（2）提高土壤保墒能力 秋起垄深施肥，施肥同起垄、镇压一并进行，可以创造一个深厚、疏松、细碎的土壤耕作层，这样就能够充分接纳秋季雨水和冬季雪水。另外由于春季不动土，返浆水留在耕层，耕层土壤水分状况得到明显改善，从而提高了土壤蓄水保墒能力，减少了土壤水分散失，最大限度地保持了土壤墒情。

（3）肥料得到深施，提高利用率 因干旱，表层土壤水分含量少，肥料利用率低，而秋起垄施肥深度在12～15厘米，水分含量明显高于7厘米以内水分，故而肥料利用率高。有效避免了烧种、烧苗现象发生。

（4）有利于降低病虫危害 通过起垄作业，可以将土壤上下层有一个倒换的过程，这样就会使一些地下害虫的虫卵或其他越冬虫态，以及一些病害的菌源翻转到地表，经过日晒、失水风干、冬天冷冻等过程，杀死虫卵及一些土壤中的病原微生物，降低下茬作物病虫害的发生率。

（5）有利于提高地温，提高光能利用效率 耕地起垄之后与外界接触的面积增加大约在30%以上，这样土壤通过吸收较多太阳光能，提高土壤温度，并将热量保存下来。

大豆秋起垄

23. 土壤免耕的优点有哪些?

地面有秸秆、残茬或牧草覆盖，水土流失和风蚀现象明显减轻。同时可缓和降雨强度，减少雨滴直接打击表土和土粒移动，也减少团粒结构的破坏。覆盖的作物秸秆和作物根系腐解后增加表层土壤有机质含量。免耕法免去土壤耕作作业，可节约能源和资金，减少投入，成本低。

24. 土壤免耕的缺点有哪些?

一是免耕条件下多年生杂草发生严重，需要有高效而杀草谱广的除草剂，加重了环境污染；二是病虫害重，防虫防病用药量大，农药成本并不低于常规耕作法的成本。

25. 顶凌耙地有哪些好处?

顶凌耙地是中国北方冬闲地上春季土壤保墒的一项耕作措施。北方早春土壤水分较充足、土地尚未完全解冻时，土壤表层白天化冻，夜间仍结凌。此时对春播地及时顶凌耙压，不仅可以切断土壤表层毛细管，还可使经过冬冻和早春一冻一化变得疏松的大土块易压碎，形成一薄层细碎干土层覆盖于地表，减少土壤水分蒸发，具有良好的保墒抗旱效果。

26. 大豆垄作栽培的优点有哪些?

(1) 适应东北地区的降雨规律。

(2) 提高土壤温度，使白天温度高、夜间温度低，昼夜温差大利于作物生长。

(3) 垄台可阻止风力，降低风速，抵抗风蚀。

(4) 具有先发治草的杂草防除作用。

(5) 耕种结合，耕管结合。

(6) 肥沃土集中。

(7) 适合于东北地区的高纬度低温、生育季节短、春旱夏涝、人少地多的生产条件。

27. 大豆生长发育与土壤环境条件有什么关系?

(1) 土壤质地 大豆最理想的土壤质地是黏沙壤土、黏壤土和沙壤土，因为这三种土壤都有较好的通气条件，又有较好的保水能力。沙土通气良好，但保水能力差；黏土保水能力强，但通气不良。

(2) 土壤有机质 大豆在有机质含量较高的土壤上根系生长良好，植株发育繁茂，籽实产量较高。

(3) 土壤酸碱度 大豆对土壤的酸碱度是比较敏感的。土壤偏酸、偏碱对大豆根瘤的影响要比对根系生长的影响表现明显。

(4) 土壤水分 大豆是需水量较多的作物，比较适合的土壤相对含水量为75%。降低到50%以下，大豆生长发育就要受到影响。

(5) 土壤温度 种子发芽出苗的适宜温度为15～20 ℃，33～36 ℃发芽最快，但幼苗细弱。幼苗期，若气温低于4 ℃表现受害，真叶出现前，幼苗抗寒能力较强。开花期的适宜温度为20～25 ℃，温度在23 ℃以下或29 ℃以上开花较少。根系生长最适宜土壤温度为22～26 ℃。

28. 大豆田深松耕整地方式的优点有哪些?

深松耕整地法为以深松为主、间隔深松的耕法，除了能加深耕层，打破犁底层外，还具有以下优点：

视频3 大豆深松作业

(1) 正确地利用了耕层土壤“上肥下瘦”的规律 只有采取不翻转上层的耕作方法，才能挖掘土壤增产潜力。深松耕法则是典型的不翻转上层又能深耕的方法。黑龙江省多年多点试验表明，采取不翻转上层的深松耕法，比采用翻转上层的平翻耕法，增产10%～20%。

(2) 深松耕法是经济有效的耕作方法 采取不翻转上层的深松耕法，可减少耕作次数，降低油料消耗，提高耕作效率，降低生产成本。深松耕法比平翻耕法每公顷可节省燃油36.9千克，耕作效率提高3.75倍。

(3) 以间隔深松为特征的深松耕法，能创造一个“虚实并存”的耕层构造 这种耕层构造有它独特的优越性：①能协调耕层土壤中的矿质化过程和腐殖化过程，做到养分的释放和保存兼顾，用地和养地结合；②既能以“虚”大量蓄水，又能以“实”保证及时供水，能从根本上改善土壤的水分状况；③耕层土壤中大孔隙和小孔隙的比例适当；④由于土壤中水分和空气比较协调，有助于实现农田土壤的热量平衡。

大豆深松耕整地

29. 大豆茬口有什么特点?

(1) 共生固氮，在瘠薄地上更有意义，是降低生产成本和减少氮素流失的重要手段。

(2) 生物量自然归还率高，占总生物量的 30%～40%。

(3) 豆类作物落叶量大，C/N 比值低，易分解，属于养地作物。

(4) 能够利用难溶性的磷酸盐活化 K、Ca。Ca 与腐殖质结合是形成土壤结构的胶结剂，因而可改善土壤结构状况。

(5) 需要 K、Ca 较多，N 较少，养分总量较少，不耐连作，前作宜为禾谷类和薯类。

(6) 通过机械中耕减少田间杂草，土质疏松、通透性好和茬子易于处理，有利于后茬生长，是绝大多数作物良好的前作。

(7) 直根系，入土较深，侧根少，对土壤耕层有良好影响（与禾本科须根系比较）。

(8) 大豆连作时某些病虫害发生严重，如大豆食心虫、花生褐斑病。

30. 大豆保护性耕作技术是什么？

大豆保护性耕作技术又称为大豆少耕、免耕技术。保护性耕作是一种新型旱地耕作法，即在满足作物生长条件的基础上尽量减少田间作业，并将秸秆粉碎还田覆盖地表，采用机械化和半机械化措施保证播种质量。该技术主要包括免耕播种施肥、深松、控制杂草、秸秆及地表处理4项内容。其核心是免耕播种，其技术实质是通过残茬覆盖地表和简化耕作，减少水土流失、培肥地力、保护环境和节约资源。

保护性耕作是相对于传统铧式犁翻耕的一种新型耕作技术，由于保护性耕作使一定比例的残茬覆盖于地表，覆盖层起到减少水分蒸发、减缓地表水流速和蓄水的作用；同时不翻地，土壤中的毛细管保持畅通，团粒结构保持完整，土壤持水和蓄水能力大为增强。

31. 大豆保护性耕作技术有何优越性？

（1）可以保护土壤，减少水土流失和地表水分蒸发，提高土壤的蓄水保墒能力。

（2）能够减少地表沙尘飘移。

（3）增加土壤有机质，培肥地力。

（4）有效减少劳动力和机械投入，提高劳动生产率。

（5）可以提早播种，延长大豆生育期，有利于选用中晚熟高产优质大豆良种，提高产量。

（6）有利于秸秆还田，增加土壤有机质，减少秸秆焚烧和大气污染。

三、播　　种

32. 怎样进行大豆引种?

引种时应考虑两地自然条件、耕作栽培条件和大豆本身的遗传特性，主要应考虑以下几个因素。

(1) 地理纬度　大豆是短日照作物，对日照长度十分敏感，大豆引种时，在同纬度地区引种容易成功，一般不要跨纬度进行引种。北种南引，大豆开花提前，生育期缩短，只能通过增加种植密度来获得比较高的产量。南种北引，大豆开花延迟，生育期大大延长，一般不能正常成熟，常常造成减产甚至绝收。

(2) 海拔高度　大豆是对光、温敏感的作物，海拔高度不同，温度及无霜期有很大的差别。地理纬度相差较大时，由于海拔高度不同，两地区也可能形成相似的气候条件，这时引种也可以成功。而即使两地纬度相近，但海拔高度差异过大，引种也不易成功。

(3) 品种的进化程度与两地的耕作栽培水平　大豆对肥水敏感，不同的自然条件和耕作栽培条件，形成了不同进化程度的生态类型(结荚习性、种皮色、脐色、粒大小等)。引入地区耕作栽培水平与原产地品种的生态类型相适应，可以进行引种。

(4) 病虫害及杂草危害情况　大豆病虫害及杂草也有一定的地域性分布。在两地间引种时，要充分了解病虫害及杂草危害的程度。对于病害，除深入了解病害种类外，还应考虑病害发生条件及规律。

33. 大豆品种的选用原则有哪些？

在品种的具体选用上，首先应着重考虑大豆的适应性、生育期、结荚习性、籽粒大小、种皮色和茸毛色、抗病虫特性等生态性状。

（1）适应性 品种的适应性是指大豆长期受到环境条件的影响，在形态结构和生理生化特性上发生改变而形成的新类型和品种。例如，大豆是短日照作物，缩短日照可加速发育，延长日照则延迟开花。由于长期分布生长在地理纬度不同的地区，从而形成了一些对日照反应不同的类型。一般日照由南向北逐渐加长，因此，在长日照的北方形成了短日性弱的品种；而日照短的南方，形成了短日性强的品种。

（2）生育期 大豆品种生育期的长短，是由光、温反应特性决定的。它关系到一年一熟春大豆区的品种能否适应一个地区的无霜期及是否能在霜前正常成熟。

（3）结荚习性 不同结荚习性的大豆品种对土壤肥力等栽培条件的适应能力不同。有限结荚习性的品种茎秆粗壮、节间短，株高中等，在肥水充足的条件下，结荚多，粒大饱满，丰产性能高，适合在多雨、土壤肥沃的地区种植。无限结荚习性的品种，对肥、水的要求不太严格，即使种在瘠薄地区，仍能获得一定的产量。

亚有限结荚习性的品种对肥水条件的要求介于前两者之间。在亚有限结荚习性的品种中，株高中等、主茎发达的品种适合于较肥沃地种植，植株高大、繁茂性强的则适宜于瘠薄地种植。

（4）粒形与粒大小 大豆品种的粒形与籽粒大小对土壤肥力和栽培条件的适应能力不同。大粒种要求土壤肥沃、水分充足。椭圆、扁椭圆、小粒品种较能适应不良的环境条件，性状愈接近野生大豆，其品种的抗性愈强。

选用品种粒大小也因用途需求而定。菜用大豆，百粒重38～40克；生豆芽用的品种，百粒重小的只有4～5克；作饲料的秋大豆，百粒重6～10克。

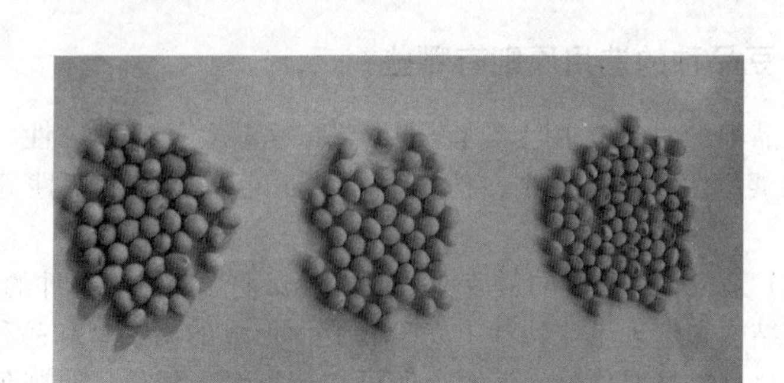
不同籽粒大小的大豆

(5) 种皮、种脐色及茸毛色 种皮、种脐色及茸毛色是代表大豆进化程度的一个指标。种皮、种脐色及茸毛色深的大豆是较为原始的类型，种皮色有黄、青、黑、褐、双色等。

(6) 抗病虫性 宜选用抗病虫的大豆品种。

选用大豆品种时，除考虑以上生态性状外，还要适应耕作栽培条件。如：大豆机械化栽培地区，应选用植株高大、秆强不倒、主茎发达、株型紧凑、结荚部位高、不易炸荚落粒的品种，以利于机械收割和脱粒。

34. 大豆播前种子处理方法有哪些?

(1) 质量鉴别 正常的大豆种子，种皮是黄色的、有光泽的，两片子叶也是黄色的，向种子呵气，种皮上没有水汽黏附。有些“走油”的大豆种子，已经丧失活力，不能再作种子使用。

(2) 测定发芽率 要求种子发芽率在95%以上。

(3) 选种和晒种 首先除去破损粒、虫口粒、杂物等，然后进行晒种，播种前需要晒2～3天。切忌在水泥地上暴晒，晾晒时要薄铺勤翻，防止中午强烈的日光暴晒而造成种皮破裂。晾晒后将种子摊开散热降温，再装入袋中备用。晒种是提高发芽率及种子生活力的一项有效措施。

(4) 药剂拌种 根据当地大豆苗期主要病虫害发生情况，选择适宜的大豆种衣剂进行拌种，拌种时最好采用专门拌种设备进行，人工拌种尽量不采用，避免因为拌种不均匀影响大豆出苗。

35. 大豆怎样进行根瘤菌接种?

（1）土壤接种法 从结瘤好的大豆高产田取表层土壤拌在大豆种子上，每10千克种子拌原土1千克。土壤接种法不如根瘤菌剂接种的效果好，因为根瘤菌剂是由分离培养筛选出的最有效的菌株所制成的，因此比天然混杂的根瘤菌效果好。

（2）根瘤菌剂接种 根瘤菌剂是工厂生产的细菌肥料，包装上注明有效期和使用说明。大豆根瘤菌剂的使用方法简单，不污染环境。使用前应存放在阴凉处，不能暴晒于阳光下，以防根瘤菌被阳光杀死。拌完后尽快（24小时内）将种子播入湿土中。播完后立即盖土，切忌阳光暴晒。已拌菌的种子最好在当天播完，超过48小时应重新拌种，已开封使用的菌剂也应在当天用完。种子拌菌后不能再拌杀菌剂等化学农药，如果种子需要消毒，应在菌剂接种前2～3天进行，防止农药将活菌杀死。

36. 大豆根瘤菌接种需要注意什么?

（1）大豆根瘤菌的发育与环境有密切的关系，根瘤菌生活需要一定的土壤酸度范围，当土壤pH低于4～6或高于8时，接种效果都不明显；土壤高温干燥也影响根瘤的发育，根瘤菌肥最好施在富含有机质的土壤中，或与有机肥料配合施用，但不能与化肥混播。施化肥时，应将种子与化肥隔开，化肥施在种子下4厘米处为好。氮肥不宜施用过多，但若与磷、钾及微量元素肥料配合施用，则能促进根瘤菌的活性，特别是在贫瘠的土壤上效果更好。大豆出苗后发现结瘤效果差时，可在幼苗附近浇泼加水的根瘤菌肥。

（2）种植大豆多年的地块仍要施用根瘤菌肥，种植大豆多年的地块中，田间土壤中会存在相当数量的根瘤菌，但多数是低效或是无效根瘤菌株；另外，随着大豆品种更新速度的加快，土壤中与新品种匹配的根瘤菌的比例下降。这两个因素均会导致根瘤固氮效果下降，因此，对于多年种植大豆的地块，使用根瘤菌仍非常必要。

37. 大豆种子包衣有哪些作用?

(1) 能有效地防治大豆苗期病虫害 如第一代大豆胞囊线虫、根腐病、根潜蝇、蚜虫、二条叶甲等，因此可以缓解大豆重茬、迎茬减产现象。

(2) 促进大豆幼苗生长 对于重茬、迎茬大豆幼苗效果尤为显著，微量元素营养不足会致使幼苗生长缓慢，叶片小，使用种衣剂包衣后，能及时补给一些微肥，特别是由于含有一些外源激素，能促进幼苗生长，使幼苗油绿不发黄。

(3) 增产效果显著 大豆种子包衣可提高保苗率，减轻苗期病虫害，促进幼苗生长，因此能显著增产。

38. 大豆怎样进行种子包衣处理?

种子经销部门一般使用种子包衣机械统一进行包衣，供给包衣种子。如果买不到包衣种子，农户也可购买种衣剂进行人工包衣。方法是用装肥料的塑料袋装入 20 千克大豆种子，同时加入 300～350 毫升大豆种衣剂，扎好口后迅速滚动袋子，使每粒种子都包上一层种衣剂，装袋备用。

39. 大豆种子包衣处理有哪些注意事项?

(1) 种衣剂的选型 选用种衣剂时要注意有无沉淀物和结块。包衣处理后种子表面应光滑，种衣剂应容易流动。

(2) 正确掌握用药量 用药量大，不仅浪费药剂，而且容易产生药害，用药量少又降低效果。一般应依照厂家说明书规定的使用量。

(3) 用前充分摇匀，使用种衣剂处理的种子不许再用其他药剂、化肥等，不可兑水。

(4) 种衣剂含有剧毒农药，使用时应穿戴好劳动保护服 注意防止农药中毒（包括家禽），注意不与皮肤直接接触，如发生头晕恶心现象，应立即远离现场，重者应马上送医院抢救。

40. 大豆种衣剂主要有哪些类型?

目前市场上的大豆种衣剂主要为悬浮种衣剂，主要成分为吡虫啉、咯菌腈、噻虫嗪、苯醚甲环唑、精甲霜灵等。其中，吡虫啉、噻虫嗪的主要功能为杀虫；精甲霜灵对低等真菌（如腐霉、绵霉等）引起的多种土传病害有较好的防效；咯菌腈可防治子囊菌、担子菌、半知菌等多种病原菌引起的种传病害和土传病害；苯醚甲环唑对子囊菌、担子菌、半知菌等病原菌有良好的防治效果，可预防大豆根腐病的发生。

大豆种衣剂在有效成分的选用上，有的为单一成分，也有多元复配型种衣剂。吡虫啉是最常见的，也是应用最为普遍的单一成分大豆种衣剂；复配型大豆种衣剂常见的组合主要有精甲霜灵＋咯菌腈、苯醚甲环唑＋咯菌腈＋噻虫嗪、噻虫嗪＋咯菌腈＋精甲霜灵等，总有效成分一般在25%～35%之间。

41. 大豆怎样进行微肥拌种？

经过测土证明缺微量元素的土壤，或用对比试验证明施用微肥有效果的土壤，在大豆播种前可以用微肥拌种。但生产AA级绿色食品大豆时不宜采用。

（1）钼酸铵拌种　每公顷用钼酸铵30克，种子75千克。先将钼酸铵磨细，放在容器内加少量热水溶解（注意：水多易造成豆种脱皮），用喷雾器喷在大豆种子上，阴干后播种。注意拌种后不要晒种，以免种子破裂，影响种子发芽。如种子需要药剂处理，则应待拌钼肥的种子阴干后，再用其他药剂拌种。

（2）硼砂拌种　在缺硼的地块上，用硼砂拌种具有很好的增产效果。每公顷用硼砂120～150克，于大豆播种前，用0.5%硼砂溶液拌种。

（3）硫酸锌拌种　缺锌地区用硫酸锌拌种有显著的增产作用。每千克豆种用硫酸锌4～6克，溶于水中，用液量为种子重的1%，均匀洒在种子上，混拌均匀。

（4）硫酸锰拌种　在石灰性土壤上往往缺锰，可用0.1%～0.2%的硫酸锰溶液均匀拌种，阴干后播种。

微肥拌种和种子包衣同时应用时，应先微肥拌种，阴干后再进行种子包衣。

42. 大豆怎样用稀土拌种？

稀土是一种微量元素肥料，农业上施用稀土不仅能供给农作物微量元素，还能促进作物根系发达，提高作物对氮、磷、钾的吸收，提高光能利用率，从而提高产量。用稀土拌大豆种，能促进大豆根系生长，提高光合速率。稀土拌种方法简便易行，用稀土25克加水250克，拌大豆种子15千克。此外，在苗期用稀土喷洒叶面进行追肥，也有很好的效果。稀土可与多种化学除草剂、杀菌剂和杀虫剂混合施用。

43. 怎样确定春大豆的播种期？

地温与土壤水分是决定春播大豆适宜播种期的两个主要因素。一般认为，在北方春播大豆区，土壤5～10厘米深的土层内，日平均地温为8～10℃，土壤含水量为20%左右时，播种较为适宜。所以，东北地区大豆的适宜播种期在4月下旬至5月中旬，其北部5月上旬播种，中部、南部4月下旬至5月中旬播种；北部高原地区4月下旬至5月中旬播种，其东部5月上中旬播种，西部4月下旬至5月中旬播种；西北地区4月中旬至5月中旬播种，其北部4月中旬至5月上旬播种，南部4月下旬至5月中旬播种。

44. 为什么春大豆要适时早播？

适当早播，可以充分利用东北地区有限积温，确保大豆充分成熟，避免早霜威胁。适当早播，可以相对早收，能避开第二代豆荚螟危害的高峰期。适当早播的春大豆，前期气温较低，植株生长稳健，矮壮节密，花荚多，产量高。

45. 大豆生产上常用的播种方法有哪些？

视频4 大豆播种作业

（1）窄行密植播种法 缩垄增行、窄行密植，是国内外都在采用的栽培方法。改60～70厘米宽行距为40～50厘米窄行密植，一般可增产10%～20%。从播种、中耕管理到收获，均采用机械化作业。机械耕翻地，土壤墒情较好，出苗整齐、均匀。窄行密植后，合理布置了群体，充分利用了光能和地力，可有效地抑制杂草生长。

（2）等距穴播法 机械等距穴播提高了播种工效和质量。出苗后，株距适宜，植株分布合理，个体生长均衡。群体均衡发展，结荚密，一般产量较条播增产10%左右。

（3）60厘米双条播 在深翻细整地或耙茬细整地基础上，采用机械平播，播后结合中耕起垄。优点是：能抢时间播种，种子直接落在湿土里，播深一致，种子分布均匀，出苗整齐，缺苗断垄少。机播后起垄，土壤疏松，加上精细管理，故杂草也少。

（4）精量点播法 在秋翻耙地或秋翻起垄的基础上，在原垄上用精量点播机或改良耙单粒、双粒平播或垄上点播，能做到下籽均匀，播深适宜，保墒、保苗，还可集中施肥，不需间苗。

（5）原垄播种 为防止土壤跑墒，采取原垄茬上播种。这种播法具有抗旱、保墒、保苗的重要作用，还有提高地温、消灭杂草、利用前茬肥和降低作业成本的好处，多在干旱情况下采用。

46. 影响大豆播种密度的因素有哪些？

（1）土壤肥力 土壤肥力充足，植株生长繁茂，植株高大，分枝多，如果密度过大，则封垄过早，郁闭严重，株间通风透光不良，容易引起徒长倒伏、花荚脱落，最后导致减产。土壤瘠薄，植株发育受影响，个体小，分枝少，此时应加大密度，以充分利用地力和光能，达到增产的目的。即“肥地应稀，瘦地宜密”。

（2）品种和播种期 品种的繁茂程度，如植株高度、分枝多少、叶片大小等与密度的关系密切。植株高大、生长繁茂、分枝多、晚熟的品种，种植密度要小些；植株矮小、分枝少、早熟的品种，种植密度要大些。播种期早，种植密度应适当减小，播种期延迟，种植密度应适当加大。

（3）气候条件 高纬度、高海拔地区，气温低，植株生长量小，密度应大些。

（4）栽培方式 采用机械化栽培管理时，栽培密度与用人工、畜力管理的不一样。加大播种密度可以显著提高底荚高度，使分枝减少，从而便于用机械收割。采用窄行播法时，可以稍微加大密度。大豆玉米间作时，大豆密度应小些。密度是确定大豆播种量的主要因素，同时也要考虑种子发芽率和百粒重等。

47. 如何确定大豆的播种密度？

在肥沃土地，种植分枝性强的品种公顷保苗 12 万～15 万株为宜。在瘠薄土地，种植分枝性弱的品种，公顷保苗 24 万～30 万株为宜。高纬度高寒地区，种植的早熟品种，公顷保苗 30 万～45 万株。在种植大豆的极北限地区，极早熟品种，宜公顷保苗 45 万～60 万株。合理密植的基础是苗全苗匀，合理密植必须与良种良法相结合，加强田间管理是充分发挥合理密植增产作用的关键。

48. 为什么干旱地块大豆不能留种？

干旱地种植的大豆由于缺少水分，多数会长成硬实粒。硬实粒主要表现为种皮蜡质积累过多，影响水分吸收而不易膨胀。据分析，百粒重在 13 克以下，硬实率达 20%～30%的大豆种子，用水浸泡 7 天不能膨胀，甚至个别严重的硬粒浸泡一个月也不膨胀。用含有硬实粒的大豆作种子，发芽势明显降低约 40%，发芽率降低 25%，这样的种子将导致出苗不齐、不全。因此，干旱地种植的大豆不能留作种子。而宜作为商品大豆出售。

49. 大豆良种退化的原因有哪些？

(1) 机械混杂或人为混杂 在大豆种子生产、运输、贮藏和销售的过程中，随时随地都有可能发生品种混杂，特别是在同时种植、运输、贮藏两个或两个以上品种时，极易造成机械混杂。

(2) 生物学混杂 虽然大豆天然杂交率低，但某些昆虫，如蓟马发生严重时，仍有一定的天然杂交机会，因天然杂交而产生的杂交种，会使变异株增多，使一个优良品种成为混杂品种。

(3) 不良环境的影响 不良环境会使大豆产生不良变异，使优良的大豆品种变劣。

50. 如何进行大豆品种提纯复壮？

（1）株系选择 大豆品种提纯复壮常用的方法是由单株选择、株系鉴定、混合高倍繁殖三个步骤组成。分设单株选择圃、株系比较圃、混合繁殖圃3个场圃。

① 单株选择圃。选择典型优良单株进行脱粒。淘汰与原品种粒色、粒形、脐色等性状不一致的单株。

② 株系鉴定圃。每1单株种成1行（株系），淘汰与原品种不一致的株系，种植设计采用每隔10～20行种1对照行（原品种）的方式，入选株系，作下一年繁殖种。

③ 混合繁殖圃。把上述经株系鉴定、混合收获的种子等距稀植点播，进行高倍繁殖。

（2）混合选种 在大豆成熟时，选择一定数量具备该品种典型性状的健壮优良单株，再经室内严格复选，混合脱粒，单独保存，作为下一年繁殖田用种。繁殖田要采用先进栽培管理措施，并严格去杂去劣。

（3）一株传 选择具有原品种典型性状的优良单株，对其后代作精细培育繁殖。此法由单系收获种子扩大繁殖，年限较株系选择法稍长些。

四、田间管理

51. 什么是大豆的一生？

大豆的一生是指从种子萌发开始，经历出苗、幼苗生长、花芽分化、开花结荚、鼓粒，直至新种子成熟的全过程。

52. 大豆营养生长阶段记载的方式是什么？

V_E 表示出苗期，即子叶露出土面；V_C 表示子叶期，即真叶叶片未展开，但叶缘已分离；V_1 表示真叶展开期，即真叶完全展开，第一片复叶未展开，但叶缘已分离；V_2 表示第一片复叶展开期，即第一片复叶完全展开，第二片复叶未展开，但叶缘已分离；V_n 表示第 n－1 片复叶展开期。

53. 大豆生殖生长阶段记载的方式是什么？

R_1 表示开花始期，主茎任何一个节上开第一朵花；R_2 表示开花盛期，主茎最上面 2 个全展复叶节中的 1 节开花；R_3 表示结荚始期，主茎最上面 4 个全展复叶节中出现一个 5 毫米长的荚；R_4 表示结荚盛期，主茎最上面 4 个全展复叶节中出现一个 2 厘米长的荚；R_5 表示鼓粒始期，主茎最上面 4 个全展复叶节中出现一个荚中籽粒长达 3 毫米；R_6 表示鼓粒盛期，主茎最上面 4 个全展复叶节中出现一个荚中的籽粒填满荚腔；R_7 表示成熟始期，主茎上有一个荚达到成熟期的颜色；R_8 表示成熟期，全株 95％的荚达到成熟颜色。

54. 大豆出苗不好的可能原因有哪些？

大豆生产中，常常会因种种原因导致出苗不好，影响大豆产量

（彩图 1）。大豆出苗不好，既有品种特性方面的因素，也有种子质量因素，更与栽培管理等因素息息相关。气候条件、土壤状况、耕作质量、播种质量、播种期、病虫害等因素均会导致大豆出苗不好。这些因素可以单一影响大豆出苗，也会多种因素综合影响大豆出苗。要想找出具体原因需要进行现场调查，并做出具体分析。

55. 如何预防大豆出苗不好？

（1） 要根据品种特性，掌握品种的适宜播种深度、土壤条件和播种时期，这样可以有效防止因品种特性带来的出苗不好问题。

（2）选择健康良种 种子发芽率不能低于 95%。

（3）适时播种 一个地区、一个地点的大豆具体播种时间，需视大豆品种生育期的长短、土壤墒情而定。早熟些的品种可稍晚播些，晚熟些的品种宜早播；土壤墒情好，可晚播，墒情差，应抢墒播种。

（4）精细整地 严把播种质量关，机械播种时要求达到如下标准：总播量误差不超过 2%，单口排种量误差不超过 3%；播种均匀，无断条（20 厘米内无籽为断条）；行距开沟器间误差小于 1 厘米，误差小于 5 厘米；播深 3～5 厘米，覆土一致，播后及时镇压。

56. 大豆幼苗发黄的可能原因有哪些？

生产上导致大豆幼苗黄叶（彩图 2）原因主要有以下几个方面：

（1）播种过深 大豆适宜播种深度为 3～5 厘米，播种过浅时土表墒情满足不了种子萌发的需要，不易出苗；播种过深会出现苗弱、苗黄现象。

（2）种植密度不适宜或间苗不及时 欲保证大豆幼苗健壮生长，必须根据品种特性进行合理密植，如果播种过密或间苗不及时会因幼苗拥挤，互相争光、争肥、争水，造成弱苗、病苗、黄苗。大豆适宜间苗时间为第 1 片复叶展开前后。

（3）土壤水分不适宜 大豆播种后，土壤墒情不佳，达不到种子萌发所需的墒情，造成种子萌发困难不能正常发芽出苗，出土时间过长造成弱苗、黄苗。大豆苗期如果遇到降雨过多，在低洼地块容易因排水不良，带来水渍而出现黄苗现象。

(4) 病虫危害 大豆播种时，如果选用的品种不抗病，当苗期遇到阴雨连绵的天气时，会因出现根部病害带来黄叶现象。

(5) 除草剂药害 当大豆与玉米轮作时，少数农民随意加大玉米除草剂用量，造成阿特拉津等除草剂残留过大，带来后茬大豆幼苗的伤害，出现黄苗、死苗现象。

(6) 营养失调症 在土壤贫瘠地块，或偏施、单施某一种化肥的地块，或严重干旱的地块，常常会发生大豆幼苗营养失调症。大豆植株发生不同程度的叶片黄化、皱缩、生长迟缓。

57. 如何预防大豆幼苗发黄？

(1) 播深以3～5厘米为宜，避免播种过浅。

(2) 适宜密度 种植密度要根据品种的特点和当地的土壤和生态条件灵活掌握，大圆叶类型品种适当稀植，披针形叶或小圆叶类型品种可适当密植。土壤肥沃地块当稀植，反之要适当密植。降雨量大的地区适当稀植，干旱少雨地区适当密植。

(3) 适墒播种 干旱地区可以在播前或播后灌溉一次。

(4) 有效防治病虫害 选用抗病品种，增施有机肥，适时灌溉。

(5) 合理使用除草剂 种植户使用除草剂时盲目与其他农药混用、用药浓度过高、喷雾器互用、假冒伪劣除草剂等均会不同程度造成对幼苗的危害。发现药害后应及时浇水，并喷施叶面肥或植物生长调节剂。

(6) 培肥土壤，科学水肥管理 出现营养失调时，可采用喷施叶面肥的方法进行防治。

58. 扁茎大豆的表现症状有哪些？

扁茎大豆是一种特殊株型大豆类型，扁茎大豆的植株一般分枝少，中上部叶片数较多，往往在茎顶部形成大量荚簇。扁茎大豆与栽培大豆比较所不同的是：茎秆扁化、顶端花序轴扁平、花荚簇集。扁茎大豆优点是叶片数目多（是普通型大豆的2.2倍，且在主茎上的分布不均匀，上部叶片较为密集）、顶端花序轴长、每节花数与荚数多，属特异株型材料，其缺点是秆软、不抗倒伏和百粒重小。未经改良的品种在5～9月降水量多于430毫米以上地区不宜推广种植。

扁茎大豆田间长势

扁茎大豆收获植株

59. 扁茎大豆产生的原因是什么？

扁茎大豆植株顶端的茎秆扁化、花荚簇集的性状可因光周期等环境因素的变化而变化，是不稳定的性状。大豆扁茎性状受不同播期的光温条件影响，随播期推迟扁茎表现程度降低。扁茎性状在肥沃地更易表现出来。

60. 扁茎大豆改良措施有哪些？

在群体条件下，扁茎大豆结荚鼓粒期光合特性为：光合速率高；具有高的单株叶面积和截获光能能力；形成较多光合产物，并能有效地运往茎和花荚中，从而获得较高的单株产量。扁茎大豆可以作为高光效育种种质资源加以改造利用。

为了改造与利用扁茎大豆材料，挖掘与转化有益基因，改良与创新品种，黑龙江省农业科学院佳木斯分院以当地主要推广品种为核心亲本，扁茎大豆及其后代材料为改良亲本，连续进行杂交改良，充分利用杂交育种后代基因重组、累加与互补及突变等遗传效应，通过正确识别与确定扁茎大豆后代选择个体目标与连续定向选择，创新出合丰51、合丰53两个新品种和一批优良品系。

61. 大豆茎秆蔓生产生的原因是什么？

大豆起源于我国，栽培大豆品种是经过漫长的自然和人工选择从野生大豆中演变而来的。野生大豆多生长于杂草之上或攀于大型杂草之上，茎秆蔓生。如果栽培条件恶劣，光照不足，栽培大豆品种往往会出现植株返祖爬蔓现象。一旦出现植株蔓生现象，常常带来植株倒伏，产量和品质下降。

野生大豆的蔓生状态（从左至右依次为幼苗期、开花期、结荚期）

62. 大豆茎秆蔓生有哪些预防措施？

在大豆与玉米间作、套作种植时，除选择株型收敛、叶片上举的玉米品种和耐阴能力强的大豆品种外，一定要注意大豆玉米的种植行比，保证大豆不受玉米荫蔽而出现茎秆蔓生现象。

63. 大豆长势过旺如何调控？

（1）补施磷钾肥，这对减少花荚脱落、促进籽粒饱满、提高大豆品质有很好的作用。

（2）使用三碘苯甲酸一类的植物生长调节剂，抑制大豆营养生长，促进生殖生长，矮化株型，控制徒长，光合作用增强，提高结荚率，有利于早熟增产。

（3）保持田间墒情适度。

64. 大豆倒伏的原因有哪些？

（1）品种耐肥水能力差 大豆品种间耐肥抗倒伏能力存在一定差异，现代品种耐肥抗倒伏能力普遍比老品种强。有的品种植株较高，茎秆较细，适合于种植在中低水肥的地块上，属于耐瘠品种。一旦这样的品种种到高水肥地块就会因为旺长造成倒伏。

（2）种植密度过大 种植大豆时要根据品种特征特性进行合理密植，使植株健康生长。当种植密度过大时，会导致通风透光不良，茎秆细弱，植株高大而不健壮，容易造成倒伏。

（3）植株根系发育不良 土壤耕层浅、耕作质量差、整地灭茬不好等诸多因素均会造成大豆根系发育不良，导致植株倒伏。

（4）植株生长过旺 当土壤条件较好、土壤氮肥过多、雨量充沛、大豆植株蹲苗不够，均会导致植株旺长而倒伏。

（5）雨水过多 大豆分枝期及开花期连阴寡照多雨，植株徒长，或后期遇暴风雨侵袭，也会造成倒伏。

（6）引种不当 大豆是十分严格的短日照作物，品种的适应范围十分狭窄。南种北引时，如果引种的纬度跨度过大，会因为植株光周期反应带来植株徒长，木质化程度下降而导致倒伏。

65. 预防大豆倒伏的措施有哪些？

（1）根据地力选用适当的栽培品种 肥力偏高的土地宜选用茎秆粗壮，植株稍矮，抗倒耐肥的品种。

（2）根据品种特征特性进行合理密植 适宜的播种密度，大豆生长健壮，抗倒伏能力强。一般来说，植株紧凑，披斜形叶（尖叶）品种和早熟品种适于密植。

（3）土壤肥沃或施肥水平较高的地区，宜稀植；地力差或施肥水平较低的地区，宜适当密植。根据大豆对氮磷钾的需求，结合土壤肥力状况，进行合理施肥，可以有效保证大豆各生育期对氮、磷、钾的需求，生长健壮，不易倒伏。

（4）适时中耕培土可以防止杂草，增加土壤通气性，改善根系生长状况，增强植株抗倒性。

（5）根据大豆生长期间的植株长势、天气趋势等进行植物生长调节剂喷施，也能增强植株的抗倒伏能力。

不同大豆品种抗倒伏能力的比较

种植密度过大导致的大豆倒伏

生长过旺导致的大豆倒伏

引种不当导致的大豆倒伏

66. 大豆秕粒产生的原因有哪些?

大豆成熟后，常发生籽粒发育不完全，甚至只有一个小薄片的现象，这样的豆粒称为秕粒。大豆秕粒的多少，直接影响产量和品质，其发生原因主要有以下几点。

（1）品种选用不当 大豆秕粒与品种对气候条件的适应性有很大的关系，引入品种也可能因为不适应引入地的气候而产生大量秕粒。

（2）不良气候条件 生长发育期间的旱涝灾害是造成高秕粒的关键因素。

（3）后期营养不足 大豆开花后养分消耗多，有的种植户间套作大豆时不施肥，也不追肥，导致大豆盛花期后营养不足，叶片过早退黄，株矮、茎细、叶小，使晚荚或同节花簇的弱荚不实。此种情况常发生在坡瘦地、多花多荚品种上。

（4）土壤营养元素比例失调 土壤缺硼和钼是大豆空秕的主要原因。硼和钼是大豆发育必需的微量元素，与荚果形成关系密切。如土壤耕作层硼和钼的含量低，种植大豆时不追肥，势必增加大豆的空秕率。特别是重茬种植的大豆，单株空秕率逐年增加。氮肥过量，会造成田间荫蔽，植株高、节间长，营养生长过旺，花荚稀少，形成空荚、半瘪荚，且成熟期推迟。在多雨、日照不足的年份尤为严重。

（5）田间管理不善 土壤板结、氮肥过量、草荒苗弱、密度过大，均会影响大豆植株的通风透光，从而减弱光合作用，导致荚而不实。在大豆开花后，若遇到较长时间的干旱伏旱，则会使大豆叶片蔫萎、枯黄，幼荚停止生长，甚至全株死亡。在耕层浅、缺乏水源浇灌的地块，大豆荚不实更为严重。

（6）晚秋冷害 对于晚播或播种晚熟品种，在9月下旬～10月上旬尚在开花，此时出现秋风秋雨，且气温下降，导致大豆叶片的光合作用减弱，幼荚发育缓慢或停止。此种情况在高寒地段常有发生。

（7）病虫危害 夏秋季大豆发生病毒病使叶片皱缩、幼荚也畸形不实，大豆食心虫危害造成虫眼空瘪荚。

品种选择不当导致大豆贪青晚熟结实下降

开花期高温导致大豆植株花而不实

大豆芽枯病导致的植株不结荚现象

害虫导致的大豆植株不结荚现象

害虫导致的大豆瘪荚现象

67. 怎样预防大豆秕粒？

（1）选用良种 选用高产质优、低空秕率、综合性好的良种。根据不同种植制度和不同地区大豆生育所处时段的光温变化，选用相适应的光温生态品种。在选用良种的同时，要合理密植，建立高光效群体，防止过密过稀，以充分利用土地，提高效率。

（2）合理轮作 建立合理的耕作制度，避免重茬种植，可防止土壤养分失调。

（3）适时排灌 大豆花荚期需水量大，满足这一时期需要的水分是大豆高产的重要条件。因此，应在大豆播种后，及早做好补水排水准备，做到涝能排、旱可灌、排灌自如。

（4）及时补充养分 对于来不及施基肥的田块，在大豆出苗后，可追施有机肥，初花期后用钼肥、硼肥等进行叶面喷施，每隔7～10天喷洒一次，可连续喷洒3～4次，这不仅可防止脱肥，还可增粒增重，减少空秕率。中后期表现缺肥者可适当喷施磷酸二氢钾，补充营养，避免中后期缺肥而早衰。

（5）喷施植物生长调节剂 使用植物生长调节剂，可以降低株高，增粗茎秆抗倒伏，也可以增加单株荚数、粒数、百粒重。

（6）及时防治病虫害。

68. 大豆重、迎茬减产的原因是什么？

大豆重茬是指第一季大豆收获后，下一季继续种大豆。迎茬是指第一季大豆收获后，第二季种植非豆科作物，第三季再种大豆，即隔季种植大豆。其减产的原因主要有以下几点：

（1）营养元素亏缺 在同一地块上，连年种植大豆，每年吸收养分特性相似，因而造成营养元素片面消耗，不能满足大豆生育期对土壤养分的需求。随着重茬、迎茬年限的增加，土壤中水解氮、速效钾含量降低，微量元素有效锌、有效硼含量大量减少。豆茬土壤的五氧化二磷含量比谷子茬、玉米茬少，这样的土壤再种大豆，必然影响产量。

（2）病虫草害加剧 大豆重茬、迎茬的地块，由于以大豆寄生传染的细菌性斑点病、根腐病、黑斑病、立枯病、胞囊线虫病及菌核病等越冬基数较高，并获得继续发病的环境和条件，因而危害越来越重。危害大豆的害虫如食心虫、蛴螬等也愈加猖獗。重茬、迎茬使豆田的杂草种类和数量明显增多，稗草、鸭跖草、灰菜、龙葵数量较正茬高。

(3) 土壤生物活性变化 大豆连作3年以上，土壤微生物种群数量就会有很大的变化，即腐败菌较多，其中有的降低大豆发芽率，有的侵染根部，导致根腐病。连作大豆的土壤细菌减少、真菌增多。真菌数量的增加与细菌的数量下降标志着土壤肥力的下降，而且某些真菌可产生毒素，阻碍大豆生长。真菌对重茬大豆的生长发育影响很大，镰刀菌可侵染根部，导致根腐病等，这是连作障碍产生的主要原因之一。对不同重茬年限耕层土壤酶的活性分析表明，重茬可使磷酸酶、脲酶活性下降，蔗糖酶活性增强，转化酶活性在连作年限超过5年后才表现出明显的下降趋势，而过氧化氢酶则表现出年限间的差异。脲酶和磷酸酶活性降低，则尿素水解反应及有机磷化合物分解反应弱，为作物提供的氮、磷营养元素就少。不同作物不同年限重茬根际土壤微生物区系的分析结果表明，重茬使根际土壤微生物区系由高肥型的"细菌型"土壤向低肥型的"真菌型"土壤转化。

(4) 土壤理化性状变差 重茬使耕层土壤的物理性状改变，非毛管孔隙表层增大，大孔隙多，三相比不协调，说明土壤紧实板结而缺少团粒结构。重茬地块10～20厘米耕层土壤较紧密，简单团聚体居多，孔隙均为裂隙状和囊状，彼此连通性差。而正茬土壤土体结构疏松，土体通透性好，彼此连通好，团聚体内部孔隙较多，有利于根系的穿插。重茬土壤pH下降，表明土壤中存在大豆根系每年分泌的酸性物质。大豆根系分泌物的产生与其自身代谢及外部环境有关。大豆根系分泌物（如脱落酸）对根系的生长有强烈的抑制作用，重茬阻碍了大豆根系的正常生长和根瘤的发育，导致根干重和有效根瘤数减少，还导致单株根瘤体积变小。最近的研究表明，大豆根际土壤环境中存在紫青霉，紫青霉分泌的毒素会抑制大豆种子萌发和根系生长。

69. 如何防止大豆重茬减产？

(1) 选用抗逆品种 选育、引用大豆良种是减轻大豆重茬危害的重要措施。

（2）合理耕作 大豆重茬、迎茬，尤其是连年重茬，将导致土壤紧实板结，团粒结构减少，肥力下降。进行合理的土壤耕作，可以破除板结层，为大豆根系生长创造良好的土壤条件，并可有效地减轻病虫危害。土壤耕作要坚持以深松为主的松、翻、耙、旋结合的土壤耕作制度，大力推广深松耕法。

（3）合理施肥 增施有机肥和生物肥是减轻重茬危害的关键，科学施用生物菌肥，能够培肥地力，消除板结，活化土壤，使营养元素齐全，促进大豆良好发育，增强抗逆性促进早熟，提高产量，改善品质。

（4）加强病虫防治 大豆重茬使某些病虫害加重，因此要有针对性地采取防治措施。大豆收获后要及时耕翻，使有害生物和有害物质减少；用含有杀虫剂、杀菌剂和微量元素的种衣剂包衣；要搞好病虫测报，准确掌握病虫发生动态，及时作出预测预报，指导好防治工作；抓住主要矛盾，进行综合防治；备好药械、农药，培训好防治员，病虫害一旦发生，及时防治。

70. 大豆落花落荚的原因是什么？

（1）植株种植密度过大，通风透光不良。

（2）养分供应不足或失调 缺钙增加落花落荚量，缺镁植株缺绿，影响光合作用。缺硼使授粉、受精受阻，但硼量不宜过大，否则有危害。

（3）水分供应不足或过多。

（4）病虫危害与机械损伤、自然灾害。

71. 防止大豆落花落荚的途径有哪些？

（1）根据当地的自然条件和气候特点，因地制宜，合理密植。

（2）注意增施有机肥，培肥地力，花期追肥。

（3）要深松细整地，改进播种方法，注意保墒。

（4）及时防治病虫害。

（5）在生长过于旺盛的大豆田，及时注意抑制营养生长促进开花结荚。

（6）生育前期要促下控上，早中耕，促进根系发育培育壮苗。

72. 大豆结荚习性不同的主要原因是什么？

在于大豆茎秆顶端花芽分化时个体发育的株龄不同。顶芽分化时若处于植株旺盛生长时期，即形成有限结荚习性，顶端叶大、花多、荚多。否则，当顶芽分化时植株已处于老龄阶段，则形成无限结荚习性，顶端叶小、花稀、结荚也少。

73. 大豆炸荚表现症状有哪些？

成熟的大豆荚沿着荚的背缝线和腹缝线裂开，并且散出种子的现象称为炸荚。当荚果的水分含量相对较低时，荚的内生厚壁组织层细胞的张力不同，荚皮围绕着与内生厚壁组织层的纤维方向平行的轴呈螺旋的扭转而卷曲，将连接背、腹缝线的薄壁组织拉裂，荚皮开裂。炸荚（裂荚）是大豆的一种自然属性，一般而言，进化程度低的品种类型，炸荚严重，比如芽用的小粒大豆、纳豆和菜用大豆品种，炸荚现象尤为普遍。炸荚会严重影响大豆籽实的收获与产量。

大豆植株严重炸荚现象

大豆植株轻微炸荚现象

74. 大豆炸荚的原因有哪些?

大豆品种不同，其豆荚的形态特征有着显著差异，使不同品种的炸荚性表现不同。炸荚与荚本身的组织结构有着密切联系。低湿、高温、快速的温度变化和交互的干湿影响是致使大豆炸荚发生的普遍因素。

75. 如何防止大豆炸荚?

(1) 选育抗炸荚的品种 高抗炸荚性品种的选育有赖于杂交亲本的选择。减少大豆炸荚最有效的方法是选择抗炸荚性品种。

(2) 注意大豆收获时间 在大豆成熟收获的季节，及时把握收获时间，减免大豆炸荚，可一定幅度地提高收获产量。大豆生育后期天气转凉后豆荚易炸裂，会增大炸荚损失，可选择早、晚或夜间空气潮湿时收获。机械收获时大豆籽粒湿度越小，炸荚越严重，收获损失越大，因此避免在成熟后期进行收获，当大豆茎湿度降至50%或更低时用联合收割机进行适时收获。当大豆含水量在25%以下，荚皮含水量15%以下会发生大豆炸荚，大豆的炸荚与品种含水率有很大的关系，大豆的顶部、中部和底部豆荚炸荚率无显著的区别。

(3) 注意大豆联合收获机械装备的改进 为了减少大豆炸荚的产量损失，既要保证割刀锋利，间隙符合要求，也要减轻拨禾轮对豆秆豆荚的打击和刮碰等。

76. 大豆籽粒中蛋白质和油分有哪些积累规律?

(1) 当水分充足时，同化器官中可以维持弱碱性（接近中性）的环境，这对脂肪酶的活动是有利的。合成蛋白质的过程，要求另一种环境，即水分不饱和的环境。

(2) 土壤水分适中、天气晴朗、阳光充足、气温在21～23℃左右的自然条件，对油分形成和积累有利，蛋白质含量较低。

(3) 土壤干旱、高温闷热、阴而多湿或气温特低等条件，对蛋白质形成和积累有利，但油分不高。

(4) 一般情况下，脂肪含量与地理纬度呈正相关。

77. 大豆标准化灌溉的依据是什么?

大豆标准化高效生产宜根据大豆对水分的要求、土壤水分状况及天气情况进行合理灌溉。适时适量灌溉可以提高水分利用效率，保证大豆正常生育，获得高额产量。

(1) 土壤含水量　土壤水分状况是决定是否需要灌溉的重要依据。一般将凋萎湿度作为土壤有效含水量的下限，田间持水量作为土壤有效含水量的上限。如果土壤含水量在凋萎系数以下必须及时灌溉。

(2) 大豆的生理指标　一般而言，植株体内的含水量在69%～75%及以上时，生育状态正常。当含水量降到59%～64%时植株凋萎，开花数减少，落花落荚明显增加。随着生育进程，大豆植株体内相对含水量有下降的趋势。因此，不同生育阶段，适宜灌溉的生理指标也是不同的。另外，叶片吸水力、气孔开张度等都可作为灌溉的依据。若几项生理指标同时测定，并与植株长相相结合，以确定适宜的灌溉时期，则更为理想。

(3) 自然降水　自然降水与大豆需水完全吻合的机会是很少有的。研究者对辽宁省新民市大豆需水和降水分布的分析结果，当地枯水年（如1992年）大豆生育期间降水只能保证生产大豆籽粒2 448千克/公顷；雨量充沛年（如1991年）虽然降水能保证生产大豆5 571千克/公顷，但是由于降水分布不均，大豆籽粒产量仍在2 400千克/公顷上下。辽宁省大豆欲获得4 500千克/公顷的籽粒产量，必须有灌溉条件。小兴安岭西南的赵光地区，以大豆籽粒产量1 950千克/公顷计，分枝以前和鼓粒以后，当地自然降水的保证率为80%，而开花结荚期的保证率只有60%。

高温多雨季节也有短暂的干旱天气，应及时灌溉。特别是大豆结荚鼓粒期，大豆需水最多、最关键，因此，即使有短暂的干旱也会造成大幅度减产。决定灌溉的同时还应考虑灌溉后是否会连续降雨形成涝害；灌溉后是否会因大风而出现植株倒伏等。

78. 大豆灌溉的时期和效果标准是什么?

大豆标准化生产过程是一个追求资源效益最大化的过程，大豆不同生育时期进行的生理生化代谢不同，所需要的水分也不同，缺水造成的危害程度也不一样。同样，不同生育阶段灌水的效果也不一样，合理灌溉就是要根据大豆各生育时期需水标准，进行适时适量补充水分，充分满足大豆生长发育对水分的需要，达到标准化生产高产优质目标。

（1）播前灌溉 大豆籽粒大，蛋白质和脂肪含量高，发芽需要吸收的水分多，相当于自身重量120%～140%的水分。因此，土壤墒情不好，即使播种质量高，也会造成出苗不全不齐，影响群体发育，降低产量。在干旱地区或播种前土壤墒情不好地区，播前灌溉坐水种植可以保证大豆发芽对水分的要求，做到苗全苗齐苗壮，为建立高产合理群体结构奠定基础。

（2）幼苗期灌溉 大豆幼苗期需水较少，若土壤湿度过大，易使幼苗节间伸长，不抗倒伏，或结荚部位高，坐荚少，产量低。大豆幼苗期一般不宜灌溉，应适当蹲苗以促进根系下扎。

（3）分枝期灌溉 分枝期营养生长开始进入旺盛阶段，大豆对水分的要求也逐渐增多，保持适宜的土壤水分，才能促进分枝生长和花芽分化。但分枝期灌溉灌水量宜小不宜大。

（4）开花结荚期灌溉 开花结荚期是大豆生长最旺盛时期，耗水量已达最高阶段，大豆对水分的需要量大而迫切。春大豆区，自7月中旬至8月中、下旬，正值大豆开花结荚期，也是多雨季节，但仍常发生轻重不同的水分亏缺。此期遇旱灌溉可增产10%～20%，旱情严重时灌溉则可增产50%或更高。

（5）鼓粒期灌溉 结荚鼓粒初期需水量达到高峰，此后需水量虽然渐渐减少，但对水分却更加敏感。鼓粒前期遇干旱将会影响籽粒正常发育，单株荚数和粒数下降。鼓粒中后期缺水，粒重明显降低。只有适宜的土壤水分，才能提高结实率，增加荚数、粒数和粒重，提高产量，保证品质。鼓粒期灌溉比开花期灌溉增产13.2%。不同品种对灌溉的反应不同，有的品种灌溉后增产幅度大，而有的增产幅度较小。

79. 大豆灌溉方式有哪些？

大豆田的灌溉方式由种植方式、田间灌排设施及气候条件等决定。无论采用何种方式，都应力求做到大豆田受水均匀、地表水不流失、深层水不渗漏、土壤不板结。主要方式有沟灌、畦灌、喷灌和滴灌。

(1) 沟灌 沟灌是目前应用较多的一种灌溉方式，垄作地区普遍采用沟灌。它受地形限制小，水从垄沟渗进土壤，不接触垄上表土，可防止板结，有利于改善群体内的水、气、热等生态环境。沟灌又可以分为逐沟灌、隔沟灌、轮沟灌和细流沟灌等。采用隔沟灌溉，节约用水，加快灌水速度。干旱严重的地块，应逐沟灌溉。

(2) 畦灌 畦灌适宜于地面平整、畦面长宽适宜的田块。畦灌具有灌水快、省水、灌水量易于控制，不会造成土壤冲刷、肥料流失等优点。但受地形影响大，土地不平时，灌水不均匀，水从表土渗入，易造成土壤板结。因此，畦灌水流不宜过急，应逐渐漫灌。由于畦灌易造成土壤板结，故畦灌过后待土壤水分降到田间持水量的85%以后，应进行浅中耕松土，破除板结，保蓄水分。

(3) 喷灌 利用喷灌机械将水喷洒到地面上的灌溉方法称为喷灌，这种方法可提高灌溉效率。喷灌不受地形限制，可减少沟渠设施，充分利用土地，灵活掌握用水量，节约用水量，不会造成土壤板结，还可以结合灌水喷施叶面肥或农药，大豆植株生长发育好、生理活性强、干物质积累多、增花增荚、粒多粒重。虽然前期一次性投资较大，但可以节省水资源，提高劳动效率。但土壤干旱严重时，喷灌迅速缓解干旱的效果不如沟灌和畦灌。

(4) 滴灌 利用埋入土中的低压管道和铺设于行间的滴灌带将水或溶有某些肥料的溶液，经过滴头以点滴的方式缓慢而均匀地滴在大豆根际的土壤中，使根际土壤保持潮湿，目前这种方式在新疆地区的大豆上已大面积应用，且收到了良好的效果。滴灌不同于喷水或沟渠流水，它只让水慢慢滴出，并在重力和毛细管的作用下进入土壤。能根据大豆需要和降水情况，调控土壤湿度，既有利于大豆良好生长，获得高产，又能节省水资源，应大力发展。这种方法的缺点是造价较高，杂质、矿物质的沉淀会使毛细管滴头堵塞，且滴灌的均匀度也不易保证。

80. 大豆鼓粒期喷灌要注意哪些问题?

大豆进入鼓粒期后仍需要一些水分和养分，以促进大豆的干物质积累，提高结实率，增加产量。大豆后期喷灌应注意以下几点。

（1）喷灌应在鼓粒前进行 此时大豆根系未全部进入老化阶段，抗低温、湿度的能力和抗病能力强，喷后既对大豆鼓粒和快速成熟十分有利，又不易导致根腐病等。此间喷灌的大豆，籽粒饱满，增产幅度大，对大豆的增产起到关键作用。

（2）合理选择喷灌时间 温度高时，应避开高温喷灌（河水除外），而选择早、晚时间喷灌，以减小大豆植株与井水的温差。

（3）减少或缩短喷灌时间 尽量减小土壤的湿度，在大豆进入鼓粒后期喷灌，抽井水时更应注意地温和湿度，以免导致大豆根腐病的发生。温度偏低时，喷灌强度应小于土壤的渗入速度，以地表不产生径流和积水为宜，从而满足大豆鼓粒的需要。

（4）喷灌与施肥同步进行 在后期喷灌的大豆，应及时喷施1～2次叶面肥，快速促进鼓粒、成熟，补充大豆因根系老化不能及时提供的养分，同时还能促进和改善大豆的叶片功能，提高生命活力和光合效率，从而提高结实率和产量。

81. 实现大豆节水的农业技术措施有哪些?

发展调控新技术结合不同旱作地区的现实条件和技术应用基础，开发、应用农业水资源优化配置与调控技术，发展地表水、土壤水、地下水多水源联合调控和综合高效利用技术。

（1）优选品种，推广节水技术 筛选和推广耐旱性强、产量高、质量好的大豆品种，在干旱地区推广行间覆膜技术，同时有针对性地推广深耕深松、集雨蓄水、节灌、“坐水种”等旱作节水农业技术。

（2）改良土壤 提高土壤有机质含量，构建土壤水库，促进土壤形成良好的团粒结构，为土壤水库的增蓄扩容创造良好的条件。

（3）实施耕作保墒 建立轮耕、少耕或免耕技术体系。通过合理耕作，最大限度地接纳、保蓄、利用好自然降水，增强土壤的保水、供水能力。推广田间节水灌溉技术，用尽可能少的灌水量生产出尽可能多的农产品，以获得单位灌溉水量的最高生产效率。

82. 在大豆生产上应用的植物生长调节剂有哪些？

（1）4-碘苯甲酸 可促进生长发育，防止落花落果，使豆粒饱满，增加百粒重，并提早成熟，一般可增产11.5%。一般在盛花期和结荚期各喷一次，间隔7～10天。

（2）萘乙酸 结荚盛期用萘乙酸溶液叶面喷施，可减少花荚脱落，促进早熟多产。

（3）复硝酚钠 用6 000倍复硝酚钠溶液浸种8～12小时，可促进大豆生根，有利于培育壮苗。大豆浸种3小时，有良好的促生根效果。在开花前4～5天，用6 000倍液喷施，可减少大豆花荚脱落。

（4）石油助长剂 播种前用浓度为0.01%～0.04%的石油助长剂药液浸泡大豆种子3～4小时，可提高大豆发芽率。开花期用500毫克/千克的石油助长剂喷洒，可明显地增加单株结荚数，使籽粒饱满。

（5）联二苯脲 始花期喷施50～100毫克/千克联二苯脲，可提高光合效率，增加蛋白质含量与总氮量，明显提高产量。

（6）三十烷醇 用0.1～1.0毫升/升的三十烷醇浸种，可促进大豆提早成熟，增加总粒数和百粒重；用0.5～2毫克/千克的三十烷醇溶液，在开花或结荚期喷洒叶面，可提高大豆结实率，并使种子提前成熟。花期喷洒，10天后再喷一次可提高使用效果。三十烷醇也可以和氮、磷、钾肥配合施用，效果更佳。

（7）矮壮素 盛花期用500～1 000毫克/千克矮壮素溶液叶面喷洒，可使茎粗壮防止倒伏，增加大豆的结荚数。

（8）多效唑 可使植株矮化，茎秆变粗，叶柄缩短，叶片功能期延长，有利于通风透光和防止倒伏，并能兼治大豆花叶病，一般增产20%左右。苗期用50～200毫克/千克多效唑溶液喷施，可提高大豆的抗病能力。

（9）烯效唑 在春大豆初花期叶面喷洒25～30毫克/千克烯效唑

溶液，可降低株高，增加总荚数和粒数。

（10）三碘苯甲酸 开花期喷施 200～400 毫克/升三碘苯甲酸，可控制营养生长，提高结荚率。

（11）亚硫酸氢钠 亚硫酸氢钠是一种光呼吸抑制剂，在大豆上施用，可以有效地降低植株的光呼吸强度，减少干物质消耗，增加荚数和百粒重，一般可增产 5%～17%，并提早 2～5 天成熟。

五、肥料与施肥

83. 大豆基肥的作用是什么？

基肥也叫底粪，是在秋翻或播种前进行施用的肥料。基肥以有机肥（农家肥）为主，适当配合化学肥料。基肥的主要功能是培肥改良土壤，供给大豆整个发育时期所需的养分。

84. 大豆叶面肥有什么功能？

大豆叶面肥是以铁、硼、锰、锌、镁、钼、钙等多种微量元素为基础的调节型农化产品。具有抗大豆倒伏、抗涝、抗重茬、解药害、促进根系发育、保花保荚的作用，可提高大豆的产量。

85. 大豆叶面肥有哪些种类？

目前，大豆叶面肥可分为营养型叶面肥、植物类叶面肥、生物型叶面肥和复合型叶面肥 4 类。其中，营养型叶面肥中含有氮磷钾以及微量元素，一般用于大豆生长后期的养分改善及补充。植物类叶面肥即植物生长调节剂，含有调节植物生长的物质，如生长素、多聚磷酸铵、钙、镁、钼、铁、硼等，这类叶面肥主要是在大豆生长的前中期使用。生物型叶面肥中含有微生物及其代谢物，如氨基酸、核苷酸、核酸类物质，主要功能是刺激大豆生长、促进代谢、减轻和防止病虫害的发生等。复合型叶面肥是多种对大豆生长有促进作用的结合，在肥料的基础上，可包含杀菌、除草、除虫药剂或多种微生物等。

86. 大豆施用有机肥有哪些作用？

（1）提供多种养分，肥效长 有机肥为大豆植株生长发育提供丰富的有机质和氮、磷、钾及各种微量元素，并可以持续满足大豆生育中后期开花、结荚、鼓粒对大量养分的需要。

（2）改善土壤结构，培肥土壤 有机肥中的有机质能使板结的黏土得以疏松，又可使松散的沙土得以团聚，为大豆根系生长发育创造了良好的水分、通气、温度条件，促进植株地上部分的生长发育。

（3）缓解或控制重茬、迎茬危害 有机肥不但可以随时补充土壤养分，改善土壤结构，培肥土壤，还有消除土壤中毒害物质等功能，从而减轻重茬、迎茬危害。

（4）增产作用 生产实践证明，施用有机肥可以显著提高大豆产量，增产幅度一般为10%～20%，而且越瘠薄的土壤，施用有机肥增产的效果越明显。

（5）有利于根瘤固氮 大豆的生长期比较长，施用肥效较长的有机肥料作为基肥能起到培肥改土和提供养分的作用，对促进大豆的生长发育及根瘤固氮有极其重要的意义。大豆的生长发育情况在很大程度上取决于根瘤的固氮能力，而根瘤的固氮能力与土壤肥力水平有密切的关系。在土壤肥力较高的条件下，大豆甚至只施有机肥料而不施化肥就能有较高的产量，其原因在于肥力较高的土壤由于常年施用有机肥，有较高的供磷和供钾能力，还能提供各种微量元素，从而为根瘤固氮创造了良好的条件。根瘤固氮能力的提高明显改善了大豆的氮营养状况。

87. 大豆施肥有哪些注意事项？

在田间栽培的条件下，影响大豆施肥与产量关系的因素很多，主要有品种株型类型、栽培密度、水分供应状况、土壤肥力、施肥时间、肥料种类等。如果施肥时不综合考虑这些条件的影响，将会导致施肥不增产，或者造成倒伏减产。因此，大豆施肥必须注意以下几个问题。

（1）大豆施肥量不能过多 若基肥施用过量，会严重影响出苗生根。种肥对大豆的胚根和胚轴会造成严重伤害，甚至造成有些种子不能萌发，播种时决不能把化肥和种子同层播入土壤。由于施用基肥或追肥过量后，都会造成大豆徒长，甚至倒伏，造成减产，因此大豆施肥不可过量。

(2) 大豆施肥后必须保证水分供应 如果施肥后水分供应不及时，深施者会造成伤根；表面撒施者，经日晒逸散，对大豆不起作用。

(3) 大豆施肥必须充分考虑品种株型类型 植株高大的品种进行大肥大水栽培时，必须适当稀植，否则，轻者造成空秆增加，重者造成倒伏减产。

(4) 施肥要考虑土壤肥力 土壤肥力很高时，少施或不施基肥，同时，植株高大的品种，也应稀植栽培，并可在结荚末期追肥。

88. 大豆根瘤是如何形成的?

在大豆根生长过程中，土壤中原有的根瘤菌沿根毛或表皮细胞侵入，在被侵入的细胞内形成感染线。根瘤菌进入感染线中，感染线逐渐伸长，直达内皮层，根菌瘤也随之进入内皮层中，在这里诱发细胞进行分裂，形成根瘤的原基。大约在侵入后1周，根瘤向表皮方向隆起，侵入后2周左右，皮层的最外层形成了根瘤的表皮，皮层的第2层成为根瘤的形成层，接着根瘤的周皮、厚壁组织层及维管束也相继分化出来。根瘤菌在根瘤中变成类菌体。根瘤细胞内形成豆血红蛋白，根瘤内部呈红色，此时根瘤开始具有固氮能力。

89. 大豆根瘤固氮的机制是什么?

固氮过程的第一步是由钼铁蛋白及铁蛋白组成的固氮酶系统吸收分子氮。氮被吸收后，两个氮原子之间的三价键被破坏，然后被氢化合成为 NH_3。NH_3 与 α-酮戊二酸结合成谷氨酸，并以这种形态参与代谢过程。

90. 大豆能固氮为什么还需要施氮肥?

大豆能够固氮，但固氮量是有限的，而且其作用主要在开花期至鼓粒期，开花以前约40天左右的时间，根瘤小而少，固氮作用很小；鼓粒后期根瘤衰老，固氮作用迅速下降。一般大豆固氮作用提供的氮，仅占大豆生长所需氮量的30%左右，在适宜的条件下，可以达到50%左右。

91. 大豆生产如何施基肥？

在生产无公害大豆或A级绿色食品大豆时，提倡施用农家肥料，限量使用限定的化肥。因此，如何合理施用充分腐熟的有机农肥，在大豆标准化生产中显得十分重要。有机农肥一般作基肥施用，标准的施用方法视土壤翻耕和整地的方法不同而不同，一般可分为耕地施肥、耙地施肥和条施三种。

(1) 耕地施肥 耕地施肥是在翻地或犁地前，把有机肥均匀撒施于地面，经过翻地（犁地）翻入土壤中，与耕层土壤混合。耕地施肥的优点是肥料翻入土层的部位，恰好相当于大豆根系密集区，便于大豆在各个生育时期吸收利用，同时也为大豆创造了疏松而深厚的耕层。耕地施肥时土壤的翻耕深度一般为15～20厘米左右。耕地施肥一般在大豆播种面积大、一年一熟制地区采用，比如东北地区扣种大豆的施肥和秋翻秋施肥都属于这种方法，另外深翻地的施肥也有些采用此法。

(2) 耙地施肥 耙地施肥是先将基肥均匀地撒于地面，通过圆盘耙细致的耙地，把基肥耙入10厘米以内的土层中，与土壤充分混合。耙地的机具多为圆盘耙或灭茬耙，耙地的方法可以采用纵横交叉耙法，做到细致耙地，土肥相融。耙地施肥适于一年两熟制或一年多熟制地区，这些地区由于抢种下茬作物，整地时间较匆忙，在种大豆前一般不耕翻地而采用耙地施肥。例如，黄淮夏大豆产区和南方秋大豆产区多采用耙地施肥法。

(3) 条施 条施基肥是把少量的基肥集中施在播种沟下面，使大豆根系能充分地吸收利用养分，既能保证幼苗生长良好，也能在大豆生育后期陆续供给大豆需要的养分。这种施肥法的优点是肥料集中，肥效较高。该方法一般适于小面积种植户采用。

92. 大豆生产如何施种肥?

大豆苗期生长缓慢、根系不发达，根系少，根表面积小，摄取养分的能力较弱，但大豆苗期对土壤养分反应敏感，若此时土壤养分供应不足，则不仅影响苗期生长和分枝期的花芽分化，还会影响根系生长和结瘤固氮。施用少量种肥，提高土壤养分浓度，可以避免大豆苗期饥饿的出现，促进根系和结瘤的发育，增加结瘤数和结瘤量。

种肥类型：作为种肥的农家肥有腐熟发酵的猪圈肥、鸡鸭粪、人粪尿及饼肥等，作为种肥的化肥含氮的有硝酸铵、尿素、碳酸氢铵等，含磷的有过磷酸钙、磷矿粉和钙镁磷肥等，含钾的有硫酸钾、氯化钾等。目前生产上多使用复合肥。

种肥施用方法依播种方式、播种机具及肥料种类而定。人工点播地区，挖穴后将肥料施于穴底覆少量土后播种，或在挖穴播种后以混合土肥盖种。穴施的肥料应当是充分腐熟的农家肥，且在肥料中拌有细土，未充分腐熟的有机肥及硫酸铵、硫酸钾、磷酸铵和过磷酸钙，不能与种子直接接触，以免造成烧种、伤苗。大豆集中产区采用机械条播或畜力机械条播，一次性完成开沟、施肥、播种、覆盖作业。

北方大豆区机械播种施肥时，采用分层施肥或侧面深施肥的方法，将肥料施于种下或种侧5～8厘米处，以满足大豆苗期的养分需求。

93. 大豆生产如何进行追肥?

大豆的需肥规律表明，大豆从花芽分化到始花期是营养生长和生殖生长并进的时期，也是大豆植株需要大量营养的时期。在高产栽培的条件下，仅靠原来的土壤肥力和已施用的基肥和种肥，往往不能满足要求。实践证明，在大豆的分枝期到初花期进行一次追肥，有明显的增产效果。特别是对于土壤肥力低、大豆前期长势瘦弱、封不上垄的地块，根部追肥效果更显著。但在土壤比较肥沃，或施基肥、种肥较多的情况下，大豆植株生育健壮、比较繁茂时，就不宜进行根部追肥，更不宜追施氮肥，否则，将造成徒长倒伏而减产。大豆追肥以硫酸铵、碳酸铵、尿素等氮肥为主，同时配合磷、钾肥。

(1) 苗期追肥 春大豆幼苗期以根系发育为主，在施用基肥和种肥后，一般不必追施苗肥。但若豆田地力贫瘠，未施基肥和种肥，幼苗叶片小，叶色淡而无光，生长细弱，则每公顷可追施过磷酸钙150～225千克、硫酸铵150千克左右，这对促进幼苗生长健壮和花芽分化有良好的作用。若地力中等，播种前未施肥料，幼苗生长偏弱，也可酌情隔行轻施肥。若地力肥沃，幼苗健壮，苗期不可追肥，以免引起徒长，导致减产。

(2) 花期追肥 花期施肥是大豆生产中的一个重要环节，在始花期或分枝期追肥效果较好。这个时期的养分供给直接影响分枝与花芽的分化，所以植株瘦弱的地块要适量追施适宜的化肥以保证大豆的分枝数和花数。一般每公顷追施尿素37.5～75千克、磷酸二铵75～115千克。花期追肥一般结合中耕除草，即除草后在垄侧开沟（距大豆植株5～10厘米）将肥料施入，然后中耕培土，将肥料盖上。追肥不宜乱撒乱扬，否则既浪费肥料，又容易烧伤豆叶。

(3) 叶面施肥 大豆在盛花期前后也可采用叶面喷施的方法追肥。这个时期是大豆植株生理活动旺盛的时期，需要大量的营养元素，以满足花荚的营养需要。如只喷施一次叶面肥，以初花至盛花期为宜；喷施两次，则第一次在初花期，第二次在大豆终花至初荚期。

叶面追肥可用尿素、钼酸铵、磷酸二氢钾、硼砂的水溶液或过磷酸钙浸出液。一般每公顷用尿素7.5～15千克、钼酸铵150克、磷酸二氢钾1～2.25千克、硼砂1.5千克，喷施浓度为尿素1%～2%，钼酸铵、硼砂0.05%～1%，磷酸二氢钾0.1%～0.2%，过磷酸钙0.3%～0.6%。根据具体需要选择肥料单施或混施。叶面追施应于无风晴天的下午3～6点进行，既要避免喷后太阳暴晒导致叶面溶液水分快速蒸发，又要避免喷后遇雨淋洗而损失。喷肥可以采用人工或机引喷雾作业，大规模生产的大豆田可以采用飞机喷洒作业。

94. 大豆氮肥如何施用？

大豆从土壤中和肥料中吸收的氮素，对获得高产是非常必需的。在苗期，大豆根瘤着生的数量少而小，植株尚不能或很少利用根瘤菌共生固氮供给的氮素，吸收土壤氮显得十分重要。特别对缺氮的土壤施少量氮肥做种肥是必要的，可使大豆幼苗一开始即保持正常的生长速度，待氮肥的抑制作用消失后，即可促进根瘤的发育。由于氮素化肥对根瘤菌固氮会造成不利影响，因此，大豆标准化生产中合理施氮应注意如下几点：

（1）重视有机肥料的施用 经过腐熟的有机肥料中的氮素，适于大豆缓慢地持续地吸收利用。在大豆的前作物上施用大量的有机肥料，大豆利用前作施肥的后效，也有明显的增产效果。

（2）大豆植株积累氮素最多最快的时期是在开花结荚期，因此，大豆花期追施氮素化肥效果较好。

（3）在土壤肥力较低，不能保证大豆生育达到正常的繁茂度，或早熟秆强的大豆品种，幼苗期需要促进营养生长时，需用氮素化肥做种肥。

（4）氮磷钾肥配合施用，效果比各自单独施用效果好。

95. 大豆磷肥如何施用？

大豆增施磷肥会明显提高籽粒产量，增产幅度7%～24%。黄淮地区22点次大豆氮磷钾肥效试验结果表明，每公顷施氮（N）30千克、五氧化二磷（P_2O_5）60千克、氧化钾（K_2O）60千克，其增产率分别为10.5%、14.0%、5.8%，即施磷肥增产幅度最大。

施用磷肥的增产效果，在很大程度上取决于土壤的有效磷含量。在缺乏磷素的土壤中施用，对大豆增产效果显著，而在含磷素丰富的土壤中施用，常常效果不佳。从单位重量磷肥的增产率来看，有随着施磷量增多而降低的趋势。因此，磷肥施用应依据以下标准，根据土壤有效磷含量进行合理施用。即当每100克土壤中的速效性磷（P_2O_5）为6毫克以下时，大豆施磷效果显著，宜增施磷肥；每100克土壤含速效性磷（P_2O_5）为1～3毫克时，施磷肥增产极显著，必须提倡多施磷肥；而在每100克土壤中含速效性磷（P_2O_5）为10毫克左右时，大豆施磷肥多数也表现增产，但应适当少施磷肥。

磷肥的增产效果还与其他元素有关，其中与氮素关系最密切，氮素有促进植株吸收磷的作用。磷与氮、磷与钾配合施用是中低产区大豆增产的关键性措施之一。根据土壤中氮、磷原有状况，一般采用氮磷比为1∶2、1∶2.5和1∶3等配比。此外，磷肥的增产效果与土壤湿度的关系也很大。干旱地区施用磷肥往往无效，而在湿润条件下施磷肥则增产显著。

96. 大豆钾肥如何施用?

钾具有促进根瘤形成的作用。土壤中含钾丰富能促进大豆植株生长和根部组织的发育，也能增加根瘤菌的数量，增强根瘤菌的活动能力。钾还能改善大豆的品质，施钾可以减少种子皱缩、发霉率，增加粒重，提高发芽率和含油量，因此，大豆标准化生产中，合理施用钾肥既可高产又能改善籽粒品质。

在大豆生育期间，如果钾素供应不足，常在大豆的老叶片上发现缺钾症状。叶尖边缘发生黄斑点，组织逐渐坏死，或从较老的叶片和组织变褐色、黄色，生长延缓。缺钾大豆的嫩叶比同龄健康植株叶片的颜色稍暗，较老叶片的叶尖和叶缘颜色变浅，最后变黄，只有沿叶脉的叶组织仍保持绿色。由于缺钾组织失水较多，因而叶缘皱缩，叶片向里卷成“杯状”，最后组织枯焦，叶缘破碎。缺钾的大豆植株大多数生长柔嫩多汁，细胞壁薄，很容易感染病害，同时，结荚少，荚小而不饱满，豆粒大小不匀，皱缩呈畸形，秕粒多，籽粒蛋白质含量降低。

为了保证土壤有充足的钾素供应，必须使土壤中有效钾保持一定的平衡状态。土壤中的速效性钾的补充主要靠三个来源，即：植株残茬、厩肥、秸秆等有机肥料，化学肥料以及土壤缓效性钾的转化。

在有机肥料中，钾化合物含量较多，增施有机肥料，土壤中的钾素可得到补充。近年来，随着农业生产水平的不断提高，大豆单产也在上升，种植大豆施氮、磷肥的量在增加，由此带来了对钾肥施用的重视。我国的钾素资源主要是氯化钾，但也从国外进口了大量的硫酸钾来满足市场需要。

在缺钾的土壤中施用钾肥，增产效果极为显著。

在进行高油大豆标准化生产时，应根据养分对大豆油分积累的影响，适当调整肥料配比。为了增加大豆籽粒油分的积累，应适当降低施氮肥的比例，增加磷、钾肥的比例。

97. 大豆缺氮如何诊断？

(1) 大豆缺氮时，叶片颜色变淡呈淡绿色，生长速度减缓，并由淡绿逐渐开始变黄，先是真叶慢慢发黄。严重时叶片从下部老叶开始向上部逐渐变黄，最后顶部新叶变黄。缺氮植株叶片小而薄、易脱落，分枝少，植株生长矮小，茎秆细长，大豆生长缓慢，产量下降。

(2) 大豆缺氮时，在复叶上沿叶脉出现连续或不连续呈铁色的斑块，叶片开始褪绿，并从叶尖开始向基部逐步扩展，最后是整个叶片褪绿呈浅黄色，叶脉逐渐失绿。见彩图3。

98. 如何预防大豆缺氮？

(1) 根据测土配方施肥确定科学、合理的氮肥用量和施用时期。

(2) 在增施有机肥的基础上，施用化肥。氮肥应分次施用，并适当增加生育中期施用比例。

(3) 大豆出现缺氮症状时，应追施氮肥，可用1%～2%的尿素水溶液进行叶面喷施，每隔7天左右喷1次，共喷施2～3次。

99. 大豆缺磷如何诊断？

(1) 大豆缺磷时叶色变深，呈浓绿色或墨绿色，叶片瘦小卷曲，叶形尖而窄，且向上直立，植株生长迟缓。症状一般由老叶开始，逐渐扩展到上部叶片。

(2) 大豆缺磷严重时，茎秆及叶片呈紫红色，生育期延迟，开花后缺磷叶片上出现棕色斑点，根系不发达，根瘤小且发育不良，籽粒不饱满，产量低。见彩图4。

100. 如何预防大豆缺磷？

(1) 根据测土配方施肥技术确定合理施磷量。

(2) 磷肥一般作基肥，宜早施，有利于根系吸收和减少土壤对磷肥的固定，提高磷肥利用效率。

（3）大豆出现缺磷症状时，每公顷可用磷酸二氢钾 1.5～3.0 千克进行叶面喷施，每隔 7 天左右喷施 1 次，共喷 2～3 次。

101. 大豆缺钾如何诊断？

（1）大豆缺钾早期症状 植株矮小，生长迟缓，叶片暗绿色。症状首先出现在下部老叶，由叶尖开始沿叶缘出现黄、褐色以至灼烧状，叶缘失绿变黄呈“金镶边”状，而后扩大成块，并向叶片中心蔓延，后期仅叶脉周围呈绿色，症状一般从老叶向新叶发展。

（2）大豆严重缺钾症状 严重缺钾时在叶面上有斑点和坏死组织，最后干枯成火烧焦状，叶片下垂脱落；茎秆瘦弱，植株易倒伏，病虫害加重；根系短，根瘤少且易老化早衰，生长受到抑制，活力差，籽粒常皱缩变形；结荚稀，瘪荚较多。见彩图 5。

102. 如何预防大豆缺钾？

（1）根据测土配方施肥技术确定合理施钾量。

（2）钾肥一般分 2 次施用 大豆出现缺钾症状时，每公顷可追施氯化钾 60～90 千克，或每公顷用磷酸二氢钾 1.5～3.0 千克进行叶面喷施，每隔 7 天左右喷施 1 次，共喷 2～3 次。

103. 大豆缺铁如何诊断？

（1）大豆轻度缺铁时，叶脉保持绿色，顶端或幼叶沿叶脉开始失绿黄化，出现轻度的卷曲现象。

（2）缺铁严重时，由脉间失绿发展到全叶呈黄白色，老叶逐渐枯萎脱落，叶缘灼烧、干枯，提早脱落，根系生长受阻，根瘤固氮酶活性降低。见彩图 6。

104. 如何预防大豆缺铁？

根据土壤养分指标确定合理施铁量。可用硫酸亚铁做基肥，根据土壤铁含量确定其用量；如发现缺铁症状，也可采用叶面喷施的方法，用 0.2%～0.5%的硫酸亚铁进行叶面喷施。

105. 大豆缺锌如何诊断?

(1) 大豆缺锌初期，植株矮小，生长缓慢，叶片小，叶片脉间失绿、皱缩，呈条带状，叶脉两侧开始出现褐色斑点，逐渐扩大并连成坏死斑块，继而坏死组织脱落。

(2) 大豆严重缺锌，叶片狭长、扭曲，植株纤细，花期延后，花荚脱落，成熟延迟，最终导致大豆产量降低。见彩图 7。

106. 如何预防大豆缺锌?

土壤缺锌时，可用 15～30 千克/公顷的硫酸锌作基肥施用。大豆出现缺锌症状时，每公顷追施硫酸锌 15～22.5 千克，拌适量土后，施于离植株 10 厘米左右处，也可喷洒 0.2%～0.3%硫酸锌溶液，一般每隔一周喷施 1 次，连续喷施 3 次。

107. 大豆缺钼如何诊断?

大豆缺钼时，植株生长矮小，叶片上出现许多细小的褐色斑点并散布全叶，叶片褪淡转黄，边缘焦枯卷曲，叶片凹凸不平且出现部分增厚扭曲，有的叶片边缘向上卷曲成杯状。缺钼可以引起大豆植物缺氮，从而导致植株生长矮小，根瘤发育不良，数量少，颜色呈灰色或棕灰色。见彩图 8。

108. 如何预防大豆缺钼?

根据土壤养分指标确定合理施钼量。一般随基肥施用或拌土撒施。亦可用钼酸铵、钼酸钠拌种或开花前后采用叶面喷施。一般每千克种子拌 1～2 克钼肥，叶面肥用 0.05%钼酸铵溶液喷施。

109. 大豆缺锰如何诊断?

(1) 大豆缺锰时，新叶失绿变成淡黄色，易形成黄斑病或灰斑病，叶面不平滑，叶缘皱缩，脉间出现淡绿色斑纹，进而失绿，叶脉仍为绿色，叶片两侧产生蝌蚪状橘红色病斑。

(2) 严重缺锰时，叶片上会出现褐色斑点，呈焦灼状，叶片小，易脱落，顶芽枯死，生长瘦弱。见彩图 9。

110. 如何预防大豆缺锰？

根据土壤养分指标确定合理施锰量。一般随基肥施用或拌土撒施。亦可用硫酸锰拌种或用硫酸锰溶液进行叶面喷施。在播种时用 0.1%～0.2%硫酸锰溶液拌种，拌匀，阴干后播种；叶面喷施用 0.05%～0.10%硫酸锰溶液喷至湿润为止，连续 2～3 次。

111. 大豆缺硼如何诊断？

（1）大豆缺硼时，茎尖生长点生长受抑制，顶芽受阻且下卷，成株矮小微缩，幼叶叶脉失绿，叶尖向下弯曲，老叶粗糙增厚、皱缩、变脆。

（2）硼素严重缺乏时，大豆茎尖分生组织枯萎，甚至死亡，茎节间变短，生长明显受阻。开花不正常或不能开花，结荚少而畸形，导致大幅度减产甚至绝收。有时出现花叶病，主根顶端死亡，侧根多而短呈僵直状，根瘤发育不正常，花荚脱落多，荚少，多畸形。见彩图 10。

112. 如何预防大豆缺硼？

根据土壤养分指标确定合理施硼量。一般土壤缺乏时每公顷用硼砂 7.5～11.25 千克拌细土施入，用硼砂作基肥时应注意不要直接接触种子，以免降低出苗率，也可于大豆开花前期和开花盛期用 0.01%硼砂或硼酸溶液喷雾，可提高大豆结实率，增加产量，还可与 0.2%的磷酸二氢钾或 0.5%尿素配成混合溶液喷施。

113. 大豆缺硫如何诊断？

大豆缺硫时，症状类似缺氮，叶片失绿黄化，植株矮小。但发病叶片不同于缺氮，症状首先在植株顶端和幼芽出现，生育前期新叶叶片失绿黄化，茎秆细长弱，根系长而须根少，植株瘦弱，根瘤发育不良，染病叶易脱落，叶脉、叶肉均生米黄色大斑块，一般晚熟，结实率低，产量和籽粒品质下降。见彩图 11。

114. 如何预防大豆缺硫？

缺硫的土壤，可施用石膏或硫黄等硫肥，与氮、磷、钾等肥料混合作基肥施用，也可拌细土或化肥撒施，也可拌种或施入种沟旁作种肥。在大豆生长发育过程中发现缺硫，可以用浓度为0.5%～1%硫酸钾喷施2～3次，每7～10天喷施1次，可以缓解缺硫症状。

115. 大豆缺钙如何诊断？

大豆缺钙时，幼叶变形卷曲，叶尖出现弯钩状，植物生长矮小，叶片卷曲不伸展，叶成杯状，老叶出现灰白色斑点，叶脉变成棕色，叶缘扭曲，叶柄柔软下垂，严重时枯萎死亡。严重缺钙时，顶芽枯死，茎顶端弯钩状卷曲，新生幼叶不能伸展，严重时叶缘发黄或焦枯坏死，茎尖、根尖生长点坏死。幼叶变形，叶缘呈不规则的锯齿状。结荚期缺钙，叶片黄绿色，荚果深绿色至暗绿色，并带有红色或淡紫色，叶尖相互粘连呈弯钩。新叶抽出困难，根系生长受抑制，根尖从黄白色转为棕色，严重时死亡，根呈暗褐色，根瘤着生数少，固氮能力低，花荚脱落率增加，植株早衰，长势弱，易倒伏和感染病害，结实少或不结实。见彩图12。

116. 如何预防大豆缺钙？

增施有机肥，充分利用草木灰等含钙丰富的农家肥。酸性土壤可适当施用石灰等含钙的肥料，以调节土壤酸碱性。雨季注意排水，避免钙的流失。

六、病虫草害防治

117. 如何防治大豆胞囊线虫病？

（1）危害症状 大豆胞囊线虫病是一种世界性病害，俗称“火龙秧子”，对大豆危害严重，一般可使大豆减产10%～20%，发病较重的地块可减产70%～90%，严重地块甚至达到绝收的程度。大豆胞囊线虫主要危害大豆根部，受害植株发育不良，矮小。苗期感病后子叶和真叶均变黄，发育较为迟缓；长成植株感病后地上部矮化和叶缘发黄，结荚较少或不结荚，严重者整株枯死。病株根系发育不良，侧根显著减少，细根增多，根瘤较少，发病初期拔起病株观察，可见根上附有白色或黄褐色小颗粒，即胞囊线虫雌成虫，这是鉴别胞囊线虫病的重要特征。

胞囊线虫以卵在胞囊里于土壤中越冬，胞囊对不良环境的抵抗力很强。第二年春季幼虫从寄主幼根的根毛侵入，在幼根皮层内发育为成虫，雌虫体随内部卵的形成而逐渐肥大成柠檬状，突破表层而露出寄主体外，仅用口器吸附于寄主根上，即人们所看到的大豆根上白色小颗粒。胞囊线虫在田间呈点状分布，逐渐向四周扩散。见彩图13。

（2）防治措施 ①选种抗病品种。采用抗病品种是防治胞囊线虫病最经济有效的措施。抗病品种有：合丰52、抗线4号、抗线8号、抗线9号、嫩丰18、嫩丰20等，推广应用抗病品种可有效降低胞囊线虫病对大豆的危害程度，提高大豆产量。②合理更换品种。随着不同区域抗病品种应用年限的不断延长，胞囊线虫优势小种也在发生变化，因此生产上推广抗病品种要与非大豆胞囊线虫寄主作物或其他抗线虫类型品种轮换种植，以减缓生理小种变异速度，防止抗病品种丧失抗病性，延长抗病品种的应用年限。③合理轮作。胞囊线虫虫卵在地下一般可以存活8～10年，因此在病害发生地区采用大豆与非寄主作物实行8年以上的轮作，可以有效减少病害的发生。④药剂防治。5%涕灭威颗粒剂，按使用说明施入播种沟内，然后播种。

118. 如何防治大豆霜霉病?

（1）危害症状 大豆霜霉病广泛分布世界各大豆产区，在我国东北和华北大豆产区时有发生，大豆生育期间如遇高温高湿条件发病较重。发病严重时会导致早期落叶、叶片凋枯、种粒霉烂，减产达30%～50%。

霜霉病是由霜霉菌侵染大豆地上部而引起的，是一种真菌性病害，叶部背面有霉层是其主要症状特征之一。大豆幼苗、成株叶片、荚及豆粒均可发生病害。苗期发病子叶无症状，真叶从基部开始出现褪绿斑块，沿主脉及支脉延伸，直至整个叶片褪绿。以后全株各叶片均出现相同症状。大豆开花前后空气湿度大时，病斑背面着生灰色霉层，最后病叶变黄转褐直至枯死。当叶片受到再次侵染时，形成褪绿的小斑点，以后变成褐色病斑，背面产生一层霉层。受害较重时叶片干枯，早期脱落。豆荚受害，外部无明显症状，但荚内有很厚的黄色霉层，为病菌的卵孢子。被害籽粒颜色发白而无光泽，表面附有一层白色粉末状卵孢子。

大豆霜霉病的发生与空气湿度密切相关，高湿多雨天气易引发病害，干旱低湿条件不利于病害发生。见彩图14。

（2）防治措施 ①选用抗病品种。不同品种对霜霉病抗性存在较大差异，不同地区可根据病菌的优势小种选用抗病性强的优良品种，如绥农14、合丰55、合农76、合农85等抗性较好的大豆品种。②种子精选，剔除病粒。大豆霜霉病种子带菌，对种子进行精选，剔除带菌种子，有利于防治大豆霜霉病的发生。③种子处理。播种前用克霉灵、福美双及敌克松拌种，防治效果较好。④清除病苗。霜霉病在田间呈点状发生，由一个发病中心向外围扩散，并且病苗症状明显、易于识别，因此当田间发现病株时，可结合铲地及时除去病苗，消减初侵染源。⑤喷洒药剂。发病初期及时喷施40%百菌清、25%

甲霜灵、58%甲霜灵·锰锌、1∶1∶200 倍式波尔多液、65%代森锌叶面喷雾可以起到很好的防治效果。

119. 如何防治大豆灰斑病？

（1）危害症状 灰斑病为低洼易涝地区大豆的主要病害，一般可对产量产生 5%～50%的影响，受害大豆百粒重降低、品质下降，发病较重时籽粒上会产生黑色病斑严重影响外观品质。灰斑病主要危害大豆叶片，严重时也侵害茎、荚及种子等部位。

带病种子长出的幼苗，子叶上呈现半圆形深褐色凹陷斑，天气干旱时病情扩展缓慢，低温多雨时，病害扩展到生长点，病苗枯死。成株叶片染病初现褪绿小圆斑，后逐渐形成中间灰色至灰褐色、四周褐色的蛙眼斑，大小 2～5 毫米，有的病斑呈椭圆形或不规则形，湿度大时，叶背面病斑中间生出密集的灰色霉层，发病重的病斑布满整个叶片，最终病斑融合导致病叶干枯。茎部染病产生椭圆形病斑，中央褐色，边缘红褐色，密布微细黑点。荚上病斑圆形或椭圆形，中央灰色，边缘红褐色。豆粒上病斑圆形或不规则形，边缘暗褐色，中央灰白，病斑上霉层不明显。

病菌以菌丝体或分生孢子在病残体或种子上越冬，成为翌年初侵染源。病残体上产生的分生孢子比种子上的数量大，是主要初侵染源。种子带菌后长出幼苗的子叶即见病斑，温、湿度条件适宜时病斑上产生大量分生孢子，借风雨传播进行再侵染，造成田间大面积发病。但风雨传播距离较近，主要侵染四周邻近植株，形成发病中心，后通过发病中心再向全田扩展。见彩图 15。

（2）防治措施 ①选用抗病品种。如合丰 55、合丰 45、合丰 34、合农 76、绥农 10 号等品种抗 1、2、3、4、7、8、9、10 号生理小种。但品种抗性很不稳定，在生产中应密切注意病菌毒力变化，及时更替新的抗病品种。②农业防治。合理轮作避免重茬，收获后及时深翻，消除田间病残体。③更换抗病品种。大豆灰斑病生理小种较多，优势小种变化频繁，以黑龙江省东部三江平原为例，20 世纪 90 年代 6 号小种为优势小种，而近期优势小种为 15 号小种，这就造成了老的抗病品种抗性丧失，必须更换新的抗病品种。④药剂防治。防治叶部或籽粒上病害，可于大豆结荚盛期选用36%多菌灵悬浮剂、40%百菌清悬浮剂、50%甲基硫菌灵可湿性粉剂、50%苯菌灵可湿性粉剂、65%甲霉灵可湿性粉剂、50%多霉灵可湿性粉剂，飞机喷洒，隔10天左右1次，防治1～2次。

120. 如何防治大豆紫斑病?

(1) 危害症状 紫斑病是大豆产区的一种普遍性病害，主要危害部位为豆荚和籽粒，也危害叶片和茎部。紫斑病在大豆一生中均可侵染发病，不同大豆生育时期发病表现症状不同。

大豆苗期染紫斑病，子叶上产生褐色至赤褐色圆形斑，呈云纹状。真叶期染病初生紫色圆形小点，散生，扩展后形成多角形褐色或浅灰色斑。茎秆染病形成长条状或梭形红褐色病斑，严重的整个茎秆变成黑紫色，上生稀疏的灰黑色霉层。豆荚染病病斑圆形或不规则形，病斑较大，灰黑色，边缘不明显，干后变黑，病荚内层着生不规则形紫色斑，内浅外深。豆粒染病形状不定，大小不一，仅限于种皮，不深入内部，症状因品种及发病时期不同而有较大差异，多呈紫色，有的呈青黑色，在脐部四周形成浅紫色斑块，严重的整个豆粒变为紫色，有的龟裂。

病菌以菌丝体的形式潜伏在种皮内或以菌丝体和分生孢子的形式在得病大豆残体上越冬，成为次年的初侵染源。如果播种带菌的种子，可引起子叶发病，在病苗或病叶上产生的分生孢子可借助风雨等途径进行传播初侵染和再侵染。大豆花期和结荚期多雨，气温偏高，平均温度25.5～27℃时，发病较重；超过这个温度范围发病轻或不发病；连作地块及种植早熟品种发病相对较重。见彩图16。

(2) 防治措施 ①选用抗病品种。生产上抗病能力强的品种有：合丰50、合丰55、垦丰16、绥农26等抗性较强的大豆品种。②选用无病种子并进行种子处理。播种前对种子进行清选，剔除含有紫斑的种子，同时用种衣剂进行拌种。③农业防治。大豆收获后及时进行深翻整地，以加速病残体腐烂过程，减少田间初侵染源数量。④药剂防治。在开花始期、盛花期、结荚期、鼓粒期可选用30%碱式硫酸铜（绿得保）悬浮剂或1∶1∶160倍式波尔多液、50%多·霉威（多菌灵+万霉灵）可湿性粉剂、50%苯菌灵可湿性粉剂、36%甲基硫菌灵悬浮剂等，参照药剂使用说明进行防治。

121. 如何防治大豆褐斑病？

（1）危害症状 褐斑病是一种真菌性病害，病菌首先侵染大豆植株下部叶片，然后逐渐向上发展。子叶病斑呈不规则形、暗褐色，上生很细小的黑点。真叶病斑棕褐色，轮纹上散生小黑点，病斑受叶脉限制呈多角形，直径1～5毫米，严重时病斑联合成大斑块，致叶片变黄脱落。茎和叶柄染病时会产生暗褐色、短条状、边缘不清晰的病斑。豆荚染病呈现不规则棕褐色斑点。分生孢子器埋生于叶组织里，散生或聚生，球形，器壁褐色、膜质，直径64～112微米。分生孢子无色，针形，直或弯曲，具横隔膜13个，大小（26～48）微米×（1～2）微米。病菌发育温度范围为5～36℃，24～28℃为最适温度。分生孢子萌发最适温度为24～30℃，高于30℃则不萌发。

褐斑病以器孢子或菌丝体在病残体或受害种子上越冬，成为次年初侵染源。种子带菌导致幼苗子叶发病，在病残体上越冬的病菌释放出分生孢子，借风雨传播，先侵染下部叶片，随着病情的发展进行重复侵染向上部蔓延。侵染叶片的温度范围为16～32℃，28℃最适，潜育期10～12天。温暖多雨，夜间多雾，田间露水持续时间越长发病越重。见彩图17。

（2）防治措施 ①选用抗病品种。抗性较强的大豆品种有：合丰50、合丰55、合农76、合农85、绥农44、垦豆40等。②合理轮作。在大豆褐斑病发病区采取大豆与禾本科作物轮作3年或以上，可以有效地减少褐斑病的发生。③药剂防治。发病初期可喷施75%百菌清可湿性粉剂或50%琥胶肥酸铜可湿性粉剂、14%络氨铜水剂、77%可杀得微粒可湿性粉剂、47%加瑞农可湿性粉剂、12%绿乳铜乳油、30%绿得保等，隔10天左右防治1次，防治1～2次，可以起到很好的防治效果。

122. 如何防治大豆疫霉根腐病？

（1）危害症状 疫霉根腐病是一种常见的大豆病害，在我国各大豆产区均有发生。一般可造成50%的减产，出苗前病害可引起种子腐烂或死苗，出苗后因根腐或茎腐引起幼苗萎蔫和死亡，该病在大豆各生育期均可发生。较大的植株受害，茎基部变褐腐烂，病部环绕茎并蔓延至第10节位。下部叶片脉间变黄，上部叶片褪绿，以后植株萎蔫，凋萎的叶片仍然悬挂植株上。病株主根一般变为褐色，侧根和支根多呈腐烂状。高湿或多雨天气、土质黏重，易发病；重茬地块发病严重。见彩图18。

(2) 防治措施 ①选用抗病品种。选用对当地小种具抵抗力的抗病品种，如合农85、合农76、合丰55、黑河43、北豆40等。②加强田间管理。及时进行深松、中耕、除草等田间作业，低洼地块及时排除田间积水防止湿气滞留。③种子处理。播种前用35%的甲霜灵粉剂拌种，可以防治大豆疫霉根腐病的发生。④药剂防治。播种同时沟施甲霜灵颗粒剂，增强根部抗病能力，可有效防止病菌侵染根部。发病初期可参照使用说明喷洒或浇灌25%甲霜灵可湿性粉剂或58%甲霜灵·锰锌可湿性粉剂、72%杜邦克露、72%霜脲·锰锌可湿性粉剂、69%安克锰锌可湿性粉剂，可以起到良好的防治效果。

123. 如何防治大豆菌核病？

(1) 危害症状 菌核病是在大豆生育后期易发生的真菌性病害。最初茎秆上生有褐色病斑，以后病斑上长有白色棉絮状菌丝体及白色颗粒，纵剖病株茎秆，可见黑色圆柱形鼠粪一样的菌核。

苗期染病茎基部褐变，呈水渍状，湿度大时长出棉絮状白色菌丝，之后病部干缩呈黄褐色枯死，表皮撕裂状。叶片染病始于植株下部，发病初期叶面生暗绿色水渍状斑，后扩展为圆形至不规则形，病斑中心灰褐色，四周暗褐色，外有黄色晕圈；湿度大时亦生白色菌丝，叶片腐烂脱落。茎秆染病多从主茎中下部分枝处开始，感病部位水渍状，后褪为浅褐色至灰白色，病斑形状不规则，常环绕茎部向上、下扩展，致病部以上枯死或倒折；湿度大时在菌丝处形成黑色菌核，得病植株茎髓部变空，菌核充塞其中；干燥条件下茎皮纵向撕裂，维管束外露，形似乱麻状，严重的全株枯死，颗粒无收。豆荚染病出现水渍状不规则病斑，荚内、外均可形成较茎内菌核稍小的菌核，多不能结实。见彩图 19。

（2）防治措施 ①加强监测。加强长期和短期测报以正确估计发病程度，并据此确定合理种植结构。②合理轮作。实行与非寄主作物 3 年以上的轮作，切忌大豆与白瓜、向日葵等寄主作物轮作。③选种及种子处理。在无病田留种，选用无病种子播种，或选用株型紧凑、尖叶或叶片上举、通风透光性能好的耐病品种。如合丰 55、黑河 38、金源 55、北豆 36 等。种子在播种前要过筛，清除混在种子中的菌核。④农艺措施。低洼地块要及时排水，降低田间湿度，降低氮肥用量，秋收后及时清除田间病残体。发病严重的地块收获后，要进行深翻整地，将豆秆和遗留在土壤表层的菌核和病残体深埋至地下。⑤药剂防治。发病初期喷洒 40%多・硫悬浮剂 600～700 倍液、70%甲基硫菌灵可湿性粉剂、50%混杀硫悬浮剂、80%多菌灵可湿性粉剂、40%治萎灵粉剂、50%复方菌核净。一般于发病初期防治 1 次，7～10 天后再喷 1 次，防治效果较好，注意喷药要均匀。

124. 如何防治大豆花叶病毒病？

（1）危害症状 大豆花叶病是由大豆花叶病毒、大豆矮化病毒、花生条纹病毒、苜蓿花叶病毒、烟草坏死病毒等多种病毒单独或混合侵染所引起。受害植株结荚数减少，百粒重下降，褐斑粒增加。一般减产 5%～7%，发病较重的年份减产 10%～25%，发病严重的年份或地区可达 95%以上。染病籽粒蛋白质和脂肪含量降低，影响种子商品性。我国各大豆产区均有发生，一般南方地区发病重于北方地区。

先是上部叶片出现淡黄绿相间的斑驳，叶肉沿着叶脉呈泡状凸起，接着斑驳皱缩越来越重，叶片畸形，叶肉突起，叶缘下卷，植株生长明显矮化，结荚数减少，荚细小，豆荚呈扁平、弯曲等畸形症状。常见发病类型有：①轻花叶型。叶片生长基本正常，只现轻微淡黄色斑块。一般抗病品种或后期感病植株都表现为轻花叶型。②皱缩花叶型。叶片呈黄绿相间的花叶，并皱缩呈畸形，沿叶脉呈泡状突起，叶缘向下卷曲或扭曲，植株矮化。③重花叶型。叶片也呈黄绿色相间的花叶，与皱缩花叶型相似，但皱缩严重，叶脉弯曲，叶肉呈紧密泡状突起，暗绿色。整个叶片的叶缘向后卷曲，后期叶脉坏死，植株也矮化。发病大豆成熟后，籽粒明显减小，并可引起豆粒出现浅褐色病斑。见彩图20。

带毒种子在田间形成病苗是初侵染源，长江流域该病毒可在蚕豆、豌豆、紫云英等冬季作物上越冬，翌年成为初侵染源。该病的再侵染是由蚜虫传毒完成。东北地区主要是大豆蚜和豆蚜传毒，发病初期蚜虫一次传播范围在2米以内，5米以外很少，蚜虫进入发生高峰期传毒距离增加。

(2) 防治措施 ①选用抗病品种。不同大豆品种对病毒病抗性不同，在生产上选用抗性强的大豆品种可以有效防治该病害的发生。如选用合丰55、合农85、黑河38、金源55等品种。②防治蚜虫。蚜虫是病毒病的主要传播媒介，因此应及时喷药，消灭蚜虫以减少传播媒介。常用3%啶虫脒乳油，或用2%阿维菌素乳油，或用10%吡虫啉可湿性粉剂，或用2.5%高效氯氟氰菊酯等药剂喷雾防治。③适期播种。利用熟期调节，使大豆开花期在蚜虫盛发期前，有效避开蚜虫高峰期，减少早期传毒侵染。④选用无病毒种子。无病毒种子田要求在种子田四周100米范围内无该病毒的寄主作物。种子田在苗期拔除病株，收获前发现病株也应及时拔除。收获的种子要求带毒率不超过1%，病株率高或带毒率高的种子不能作为下年种源应用。⑤加强种子检疫。由于侵染大豆的病毒有多种是靠种子传播的，因此加强种子检疫尤为重要。引进的种子必须先隔离种植，要留无病毒种子，再作繁殖用。

125. 如何防治大豆细菌斑点病？

(1) 危害症状 细菌性斑点病是一种植物性病害，主要危害大豆幼苗、叶片、叶柄、茎和豆荚。幼苗染病后子叶生半圆形或近圆形褐色病斑。叶片染病起初生成褪绿不规则形小斑点，水渍状，扩大后形成多角形或不规则形病斑，大小约3～4毫米，病斑中间深褐色至黑褐色，病斑周围有一圈窄的褪绿晕环圈，病斑融合后呈枯死斑块。茎部染病初呈暗褐色水渍状长条形病斑，扩展后呈不规则状，稍凹陷。荚和豆粒染病生暗褐色条形病斑。病菌主要在种子上或病残体上越冬，如果播种带菌种子，出苗后即可发病，成为病害扩展中心，病菌借风雨传播蔓延。多雨及暴风雨后，叶面伤口多，利于该病发生，同时连作地块发病严重。见彩图 21。

（2）防治措施 ①合理轮作。大豆等豆科作物与禾本科作物实行 3 年或 3 年以上的轮作种植，可以有效降低田间发病率。②选用抗病品种。选用抗性较强的大豆品种，如合丰 55、合农 85、合农 76、垦丰 16、金源 55、绥农 42 等。③施用腐熟农家肥。农家肥施用前充分腐熟，可有效降低田间病菌感染概率。④种子处理。播种前用种子重量 0.3％的 50％福美双拌种可起到很好的防治效果。⑤药剂防治。发病初期喷施 1∶1∶160 倍式波尔多液或 30％绿得保悬浮液，防治 1～2 次，防治效果较好。

126. 如何防治大豆锈病？

（1）危害症状 大豆锈病是一种真菌性病害，主要危害叶片、叶柄和茎，叶片两面均可发病，一般情况下，叶片背面病斑多于叶片正面，初生黄褐色斑，病斑扩展后叶背面稍隆起，即病菌夏孢子堆，表皮破裂后散出棕褐色粉末，即夏孢子，致叶片早枯。夏孢子可以随雨而降，降雨量大、降雨日数多、持续时间越长发病越重。生育后期，在夏孢子堆四周形成黑褐色多角形稍隆起的冬孢子堆。叶柄和茎染病产生症状与叶片相似。见彩图 22。

（2）防治措施 ①选用抗病品种。在病害高发区选用抗性强的品种可以有效降低发病率。如中黄 4 号、九丰 10 号、长农 7 号、南雄黄豆等。②农艺措施。注意开沟排水，采用高台或大垄垄作，防止田间湿气滞留，采用测土配方施肥技术，从根本上提高大豆植株的抗病能力。③药剂防治。发病初期选用 75％百菌清可湿性粉剂或 36％甲基硫菌灵悬浮剂、10％抑多威乳油，兑水喷施，每隔 10 天左右喷 1 次，连续喷施 2～3 次，可起到较好防治效果。

127. 如何防治蚜虫对大豆的危害？

大豆蚜虫，属同翅目蚜虫科，是大豆的主要害虫之一。我国主要大豆产区都有分布，以东北三省、河南、山东等省的部分地区危害较重。

（1）危害特点 大豆蚜虫常聚集于大豆嫩茎、嫩叶背面以刺吸式口器吸食汁液，使豆叶被害处叶绿素消失，形成鲜黄色的不规则形的黄斑，而后黄斑逐渐扩大，并变至褐色。受害严重的植株，茎叶卷缩、发黄、植株矮小，分枝和结荚减少，产量降低，危害重的地块减产30%，甚至50%以上。此外，大豆蚜虫还会传播花叶病毒。见彩图23。

（2）发生规律 大豆蚜虫危害盛期在6月底至7月初。一般6月中下旬开始在大豆田出现。持续高温，干旱少雨，容易使蚜虫大量发生，越干旱危害越重。有翅蚜能迁飞，使危害范围扩大。大豆蚜虫每年在我国北方地区成虫产下卵后，卵会在枝条缝隙中进行过冬，等到翌年的4月天气转暖了以后就开始孵化。

大豆蚜虫一年要进行四次飞迁，每一次飞迁都会在大豆田上呈现出消长阶段。第一次迁飞是在大豆刚刚出苗的时候，大豆蚜虫从寄主飞往豆田，这个阶段的病虫害的分布是零星点点。每二批大豆蚜的飞迁会形成蔓延状态，蚜虫的分布从点扩展到面，但是还不是最旺盛的时期，这个阶段进行防治的话还不算晚。每三次飞迁是7月的时候，这个阶段大豆处于开花期，蚜虫的危害比较严重，属最旺盛期。最后一次是在9月的时候，因为8月过后气候和大豆营养已经不利于大豆蚜虫，所以蚜虫数量会急剧的减少，最后一次飞迁回寄主就会进行繁殖产卵，准备越冬。

（3）防治方法 ①农业防治。合理轮作；大豆收割后要及时秋耕；种植抗虫性好的品种；及时铲除田边、沟边、塘边杂草，减少虫源。②生物防治。利用赤眼蜂灭卵。于成虫产卵盛期放蜂1次，每公顷放蜂量30万～45万头，可降低虫食率43%左右。若能增加放蜂次数，防治效果更好。或于幼虫脱荚之前，每公顷用25千克白僵菌粉，每千克菌粉加细土或草灰9千克，均匀撒在豆田垄台上，落地幼虫接触白僵菌孢子，以后遇适合温、湿度条件时便会发病致死。③化学防治。当大豆蚜虫点片发生，田间有5%～10%植株卷叶，或有蚜株率超过50%，百株蚜量1 500头以上时，可用3%啶虫脒（莫比朗、金世纪、阿达克等）乳油喷药进行防治。在同时发生红蜘蛛的地块，以上药剂还可与1.8%阿维菌素等药剂防治。

128. 如何防治食心虫对大豆的危害？

大豆食心虫又名大豆蛀荚蛾、豆荚虫、小红虫，属鳞翅目小卷蛾科。在我国主要分布于长江以北，以东北和华北地区危害较为严重，是大豆生产的主要害虫。见彩图24。

(1) 危害特点 食性较单一，主要危害大豆，也取食野生大豆。幼虫驻入豆荚，咬食豆粒，被害豆粒形成虫孔、破瓣或豆粒被食光。一般年份虫食率在5%～10%，严重发生时可达30%以上，严重影响大豆的产量和品质。

(2) 发生规律 大豆食心虫一年发生1代，初孵幼虫在大豆鼓粒期入荚，老熟幼虫在大豆成熟期脱荚。大豆食心虫的发生危害期随着各地大豆生长期的不同而略有差异。东北地区7月中旬至8月上旬为化蛹期，8月中旬为成虫发生盛期，8月中下旬为产卵盛期，8月下旬为幼虫入荚盛期，在9月中下旬为老熟幼虫脱荚盛期。山东和安徽两省发生较东北晚10天左右，湖北省较山东省晚10～20天左右，危害期20～30天；脱荚以后，老熟幼虫由荚边缘穿孔脱荚入土越冬，待翌年再产卵孵化幼虫危害。

(3) 防治方法 ①农业防治。选种抗虫品种；合理轮作，尽量避免连作；豆田秋季翻耕，增加越冬死亡率，减少越冬虫源基数。②生物防治。在卵高峰期释放赤眼蜂，每公顷释放30万～45万头，可降低虫食率43%左右；或撒施菌制剂，将白僵菌撒入田间或垄台上，增加对幼虫的寄生率，减少幼虫化蛹率。③药剂防治。于8月初至8月20日成虫盛发期期间，日落前在田间见到成虫成团飞舞为成虫盛发期，此时应进行药剂防治。在大豆封垄好的情况下，可用敌敌畏熏蒸。即将高粱或玉米秆切成20厘米长段为载体，一端去皮留穰蘸药，吸足药液制成药棒，将药棒未浸药的一端插在豆田内，每200根浸沾500克原药，每公顷约用600～750根药秸，每隔5～6垄插一行，每隔6米插一根，防效可达90%以上。要注意敌敌畏对高粱有药害，距高粱20米以内的豆田内不能施用。或在封垄不好时可用菊酯类等药剂喷雾防治，喷药时要注意雨天对药效的影响。

129. 如何防治造桥虫对大豆的危害?

大豆造桥虫属鳞翅目，尺蛾科。经常危害大豆的造桥虫有银纹夜蛾、黑点银纹夜蛾、大豆小夜蛾和云纹夜蛾等几种，分布于我国各大豆主要产区，其中以黄淮、长江流域受害较重。见彩图25。

(1) 危害特点 大豆造桥虫均以幼虫危害。低龄幼虫仅啃食叶肉，留下透明表皮。虫龄增大，食量也随之增加，幼虫将叶片边缘咬成缺刻和孔洞，甚至全部吃光，仅留少数叶脉，减少绿叶面积，影响光合作用，导致落花落荚，豆粒秕小。

(2) 发生规律 多数为1年发生3代，在豆田内混合发生。成虫多昼伏夜出，趋光性较强，成虫多趋向于植株茂密的豆田内产卵，卵多产在豆株中上部叶背面。初龄幼虫多隐蔽在叶背面剥食叶肉，3龄后主要危害上部叶片。幼虫多在夜间危害，白天不大活动。幼虫5～6龄，3龄前食量很小，仅占一生总食量的6%～11%；4龄幼虫食量突增，占总食量的14%～21%；5龄进入暴食阶段，占总食量的70%左右。防治的关键时期应在2～3龄幼虫期施药。

(3) 防治方法 ①诱杀成虫。从成虫始发期开始，用黑光灯诱杀。②化学防治。在幼虫3龄以前，百株有幼虫50头时，用5%高效氯氰菊酯乳油兑水均匀喷雾。

130. 如何防治红蜘蛛对大豆的危害?

大豆红蜘蛛在全国各大豆产区均有发生，它不仅危害豆类，还可危害小麦、玉米、高粱、谷子及一些花卉等，是一种食性很杂、体态很小的昆虫。见彩图26。

(1) 危害特点 大豆整个生育期均可发生，以成螨、若螨刺吸危害叶片，多在叶片背面结网，在网中吸食大豆汁液，受害叶片最初出现黄白色斑点，以后叶面出现红色大型块斑，重者全叶卷缩、脱落。受害豆株生长迟缓，矮化，叶片早落，结荚少，结实率低，豆粒变小。一旦发生，可造成减产10%～30%，危害严重田块减产达50%以上。

(2) 发生规律 大豆红蜘蛛一年发生8～20代（由北向南逐增），

以雌成螨在杂草、大豆植株残体及土缝中越冬。在东北地区，翌春气温达 10 ℃以上时开始活动，先在小蓟、小旋花、蒲公英、车前等杂草上繁殖危害，6～7 月转到大豆植株上危害，7 月中下旬到 8 月初随着气温增高繁殖加快，迅速蔓延。每雌螨产卵 50～110 粒，多产于叶背，卵期 2～13 天。幼螨和若螨发育历期 5～11 天，成螨寿命 19～29 天。

大豆红蜘蛛以两性生殖为主，刚脱皮的雌成螨有多次交配习性。当孤雌生殖时，其后代全部为雄螨。卵散产于豆叶背面或所吐的丝网上。成虫喜群集于大豆叶片背面吐丝结网危害。在食物缺乏时，常有成群迁移的习性，在田间的扩散和迁移主要靠爬行、吐丝下垂或借助风力，也可随水流扩散。

(3) 防治方法 ①农业防治。一要保证苗齐苗壮，施足底肥，并增施磷钾肥，增强大豆自身的抗红蜘蛛危害能力；二要加强田间管理，及时清除田间杂草；三要合理灌水，尤其干旱情况下，要及时进行灌水。②生物防治。可通过选用生物制剂和减少施药次数等措施，以保护并利用红蜘蛛的天敌（如：长毛钝绥螨、拟长刺钝绥螨、草蛉等），发挥它们对红蜘蛛自然控制作用。③化学防治。在发生初期，即大豆植株有叶片出现黄白斑危害状时就开始喷药防治。常用的药剂有 1.8％阿维菌素、50％溴螨酯乳油、15％哒螨灵乳油、73％克螨特乳油等。连喷 2～3 次，喷药时要做到均匀，叶片正、背面均应喷到，才能收到良好的防治效果。

131. 如何防治双斑萤叶甲对大豆的危害?

双斑萤叶甲，别名双斑长跗萤叶甲，属鞘翅目叶甲科萤叶甲亚科。在我国分布较广，吉林、黑龙江、辽宁、内蒙古、宁夏、甘肃、河北、山西、陕西、新疆、江苏、浙江等省均有发生。

(1) 危害特点 双斑萤叶甲是一种杂食性昆虫，寄主广泛。此虫有 4 个虫态，其中卵、幼虫和蛹，一般生活在地下，幼虫主要危害部分杂草和豆科植物的根，仅成虫在地上危害，取食大豆、玉米、向日葵等多种植物。以成虫群集在大豆叶上，在豆株上自上而下取食叶片，将叶片吃成孔洞，严重时仅剩叶脉，影响光合作用而造成减产，给大豆生产造成很大威胁。见彩图27。

(2) 发生规律 双斑萤叶甲在东北1年发生1代；以卵在土壤表面1～15厘米深处越冬，翌年5月中下旬越冬卵开始孵化，幼虫共3龄，幼虫期30～40天，在2～8厘米土中活动或取食大豆根部及杂草，完成生长发育。6月下旬老熟幼虫在土中做土室化蛹，蛹期7～10天。7月上旬田边杂草始见成虫，初羽化的成虫喜在地边的苍耳、刺菜、红蓼上活动，经10～15天转移到豆地危害，7月下旬至8月上中旬进入危害盛期，主要在大豆生育中、后期危害复叶。

成虫有群集性和弱趋光性，日光强烈时常隐蔽在下部叶背，成虫具有弱的假死习性，能短距离飞翔，一般一次飞翔2～5米，早晚气温低于8℃或风雨天喜躲藏在叶背、植物根部或枯叶下，喜在9:00～11:00和16:00～19:00飞翔取食，干旱年份发生危害重。

(3) 防治方法 根据该害虫的发生规律，在防治策略上坚持以“先治田外，后治田内”的原则防治成虫。6月中下旬就应防治田边、地头等寄主植物上羽化出土成虫及大豆上的成虫，并要统防统治。①农业防治。清除田间地头杂草，特别是稗草、刺菜、苍耳等，减少双斑萤叶甲的越冬寄主植物，减少越冬虫源，降低发生基数；对双斑萤叶甲危害重及防治后的农田及时补水、补肥，促进大豆的营养生长及生殖生长，提高植株抗逆性；秋整地，深翻灭卵，破坏越冬场所，可减轻受害。②物理防治。该虫有一定的迁飞性，可用捕虫网捕杀，降低虫口基数。③化学防治。在田间双斑萤叶甲发生时，可选用25克/升溴氰菊酯（敌杀死）乳油或4.5%高效氯氰菊酯乳油兑水喷雾。应选择气温较低、风小天气喷雾，注意均匀喷洒，喷药时地边杂草都要喷到。由于该虫危害时间长，单次打药不能控制，隔7天打药1次，视发生情况连续喷药2～3次。

132. 如何防治二条叶甲对大豆的危害？

二条叶甲又名黑条罗萤叶甲、二黑条萤叶甲、大豆异萤叶甲、二条黄叶甲、二条金花虫，属鞘翅目叶甲科。

(1) 危害特点 二条叶甲越冬成虫在苗期食害大豆子叶、真叶、生长点及嫩茎，将子叶吃成凹坑状，将真叶吃成空洞状，严重时幼苗被毁，造成缺苗断垄。第一代成虫除了取食大豆植株的嫩叶、嫩茎外，尤喜食大豆花的雌蕊，造成落花，使大豆结荚数减少。幼虫主要在根部危害取食大豆根瘤，将头蛀入根瘤内部取食根瘤内容物，仅剩空壳或腐烂，影响根瘤固氮和植株生长，发生严重地块0～10厘米深土层内的大豆根瘤几乎全部被吃光，仅剩空壳，造成植株矮化，影响产量和品质。见彩图28。

（2）发生规律 二条叶甲在在东北一年发生2代，以成虫在大豆根部周围的杂草或土缝中越冬。翌年5月中下旬，越冬成虫开始出土活动，6月大豆苗期受害较重。越冬成虫先危害刚出土的大豆子叶，将子叶吃成凹坑状，随后危害真叶、复叶、生长点及嫩茎，将真叶吃成圆形孔洞，严重时仅剩叶脉呈网状，致使幼苗被毁，造成缺苗断垄。成虫白天藏在土缝中，早、晚危害，活泼善跳，飞翔能力弱，有假死性。5月下旬至5月上旬是越冬代成虫产卵盛期。成虫产卵有选择性，通常将卵产于豆根附近地表处。每雌虫产卵200～300粒，卵期约7天左右。6月中、下旬卵孵化为幼虫，幼虫孵化后主要在大豆根部取食危害根瘤和须根，幼虫有转株危害习性，幼虫将头蛀入根瘤内部取食根瘤内容物，致使根瘤成空壳或腐烂，影响根瘤固氮和植株生长，发生严重地块0～10厘米深土层内的大豆根瘤几乎全部被吃光，仅剩空壳，影响大豆生长发育，造成植株矮化，严重影响产量和品质。7月中旬幼虫陆续化蛹，老熟幼虫在土中化蛹，蛹期约7～10天。7月下旬，开始出现第1代成虫。第1代成虫除了取食大豆植株的嫩叶、嫩茎外，还喜食大豆的花器、豆荚等，造成落花，导致大豆结荚数减少。9月上、中旬出现第2代成虫，并以第2代成虫越冬。

（3）防治方法 ①农业防治。实行大面积轮作；秋季翻耙豆茬地，破坏成虫越冬场所，以便消灭越冬成虫量，减轻翌年危害；清理田间，秋收后及时清除豆田杂草和枯枝落叶，集中烧毁或深埋。②药剂防治。用35%多克福种衣剂对种子进行包衣，一般按药种比为1∶75拌种。田间发现成虫危害时，及时喷药防治。使用防效在90%以上的高效、低毒、对环境友好型药剂，如48%乐斯本乳油、25%功夫乳油等，均匀喷雾。

133. 如何防治豆秆黑潜蝇对大豆的危害?

豆秆黑潜蝇又称豆秆蝇、豆秆蛇潜蝇、豆秆穿心虫，属双翅目潜蝇科，在我国吉林、辽宁、陕西、甘肃、河北、河南、山东、江苏等地均有分布。豆秆黑潜蝇是黄淮流域、长江流域以南及西南大豆产区的主要害虫之一，除危害大豆外，同时危害赤豆、红小豆、菜豆、绿豆、豇豆、蚕豆等多种豆科植物。

(1) 危害特点 以幼虫蛀食大豆叶柄和茎秆，造成茎秆中空，植株因水分和养分输送受阻而逐渐枯死。苗期受害，根茎部肿大，大多造成叶柄表面褐色，全株铁锈色，比正常植株显著矮化，重者茎中空、叶脱落，以致死亡。后期受害，造成花、荚、叶过早脱落，千粒重降低而减产。成虫也可吸食植株汁液，形成白色小点。见彩图 29。

(2) 发生规律 豆秆黑潜蝇每年发生代数因地而异，在一般情况下，从北向南世代递增。通常以蛹在大豆及其他寄主的秸秆中越冬。

成虫多集中在上部叶面活动，当温度低于 25 ℃或高于 30 ℃时，成虫多在下部背阴处叶片中隐藏，夜间或风雨时则多栖息于豆株下部叶背或豆田中杂草的心叶内。成虫趋光性不强，在 7～9 时活动最盛，卵产在腋芽基部和叶背主脉附近组织内，1 头雌虫可产卵数十粒。

初孵幼虫由腋芽和叶柄处穿隧道进入主茎，蛀食髓部和木质部。老熟幼虫在茎基离地面 2～13 厘米的部位化蛹，化蛹前在基部咬长 1 毫米左右的羽化孔，并在其附近化蛹，以备羽化后的成虫钻出。豆秆黑潜蝇在大豆播种后 30～40 天，首先入侵大豆主茎，播后 50～60 天才钻入叶柄和分枝，豆株各部位受害程度表现为主茎＞叶柄＞分枝。

(3) 防治方法 ①农业防治。一是清洁田地。及时清除田边杂草和受害枯死植株，集中处理，减少虫源，采取深翻、提早播种等方法。二是换茬轮作。在豆秆黑潜蝇发生重的地方，换种玉米等其他作物 1 年，可有效降低其发生量和危害程度。三是选用抗虫品种。要选用中早熟，有限结荚习性，主茎较粗、节间短、分枝少、前期生长迅速和封顶较快的大豆品种。②化学防治。当田间出现死苗，应立即将枯叶株、萎蔫植株、枯死植株带回室内镜检，发现有豆秆黑潜蝇幼虫时，立即用 20%高氯·马拉乳油或 15%高氯·毒死蜱乳油，进行大面积喷施，隔 5～7 天喷药 1 次，连喷 3～4 次。

134. 如何防治斑须蝽对大豆的危害？

斑须蝽又名细毛蝽，属于半翅目，蝽科。斑须蝽在我国分布范围广，是多种农作物和苗木的重要害虫。

（1）危害特点 成虫和若虫刺吸嫩叶及嫩茎汁液。茎叶被害后，出现黄褐色斑点，严重时可造成心叶部分萎蔫，叶片卷曲，嫩茎凋萎，影响生长，减产减收。见彩图 30。

（2）发生规律 一年发生代数因地区不同而异，东北一年发生 2 代，以成虫在田间杂草、枯枝落叶、植物根际、树皮及屋檐下越冬。为多食性害虫，成虫必须吸食寄主植物的花器营养物质，才能正常产卵繁殖，卵聚生成块，每块 12～24 粒，多产于叶片正面及幼嫩部位。斑须蝽的危害活动具隐蔽性，白天多聚集在小杨树及作物的根部，傍晚或清晨取食危害。此虫飞行能力较强，有转株危害习性。4 月初开始活动，早春、越冬代成虫在杂草中活动；4 月末至 5 月初成虫开始迁移到近处蔬菜地危害，5 月末至 6 月上、中旬迁到大田进行转株危害，成虫能多次交尾，多次产卵，产卵期较长，第 1 代成虫 6 月初羽化，6 月中旬为产卵盛期，第 2 代于 6 月中下旬至 7 月上旬孵化，初孵若虫群聚危害，2 龄后扩散危害，8 月中旬开始羽化为成虫，10 月上中旬陆续越冬。

（3）防治方法 ①农业防治。清除作物田间杂草，实施秸秆还田，减少害虫的活动滋生场所。加强大田的中耕管理，氮、磷、钾与微量元素配合施用，培育壮苗。②化学防治。在若虫期或成虫刚迁入大田时防治 1～2 次，采取 5 点取样调查，当百株虫量 10～15 头，应喷药防治，可采用内吸性杀虫剂 3%啶虫脒乳油（莫比朗）或 2.5%溴氰菊酯兑水喷雾防治，同时喷施抗病毒的药剂如小叶敌、菌克毒克等，增强植株抗病毒能力。

135. 如何防治点蜂缘蝽对大豆的危害？

点蜂缘蝽又称白条蜂缘蝽、豆缘蝽蟓，属于半翅目、缘蝽科，是一种豆科作物常见的刺吸性害虫，在我国主要分布在浙江、江苏、江西、安徽、福建、湖北、四川、河南、河北、云南、西藏和台湾等地，甚至东北大豆产区也有发生。点蜂缘蝽不仅危害大豆及蚕豆、豇豆、豌豆等豆科作物，也危害水稻、麦类、甘薯、莲子、丝瓜、白菜等粮经作物及多种蔬菜。见彩图31。

（1）危害特点 点蜂缘蝽的成虫和若虫均可危害大豆，成虫危害较大，危害方式为刺吸大豆的花、果、豆荚、嫩茎、嫩叶的汁液。在大豆开花结实时，正值点蜂缘蝽羽化为成虫的高峰，往往群集危害，每平方米可达数十只，造成大豆的蕾、花凋落，生育期延长，果荚形成瘪粒、瘪荚，严重时全株瘪荚，颗粒无收。成虫有翅飞行似蜂类，行动敏捷，不易捕捉，早晨和傍晚温度低时稍迟钝，阳光强烈时多栖息于豆叶背面，由于点蜂缘蝽具有刺吸汁液和飞行的生活方式，同时可以传播病毒和其他病害，危害的产区往往多种病害同时发生，如花叶病毒病、斑枯病、斑疹病等，导致产量大幅度降低，甚至绝收。

（2）发生规律 点蜂缘蝽以成虫在田间残留的秸秆、落叶和草丛中越冬，一年可以繁殖2～3代。在北京地区每年4月上旬开始活动，5月中旬至7月上旬产卵于大豆的叶背、嫩茎和叶柄上，每次产卵30余枚，6月上旬至7月中旬若虫孵化，7月上旬至8月上旬羽化为成虫，7月中旬至8月中旬成虫交配产卵；第2代若虫于7月下旬至8月下旬孵化，8月上旬至9月中旬羽化为成虫，9月上旬至10月下旬产卵，9月中旬末至11月初孵化，10月上旬至11月中旬羽化为成虫，11月下旬以后进入越冬。

（3）防治方法 ①农业防治。根据点蜂缘蝽成虫越冬的生活习性，一般采用轮作倒茬，冬前深耕，清除田间枯枝落叶和杂草，减少地面成虫越冬的场所，翌年虫量将大幅度降低。②化学防治。在种植作物前，对有过杂草或新出杂草的重点边角地块喷药灭虫。大豆花荚期，出现危害时，于傍晚4～5点，选用3%阿维菌素乳油，或10%吡虫啉可湿性粉剂，或5%啶虫脒乳油，或5%高效氯氰菊酯乳油，对植株整体喷雾防治，每隔6～7天喷药一次，因为点蜂缘蝽具有迁飞性，所以要连喷2～3次，喷药时要做到不重喷、不漏喷。

136. 如何防治大黑鳃金龟对大豆的危害?

大黑鳃金龟属于鞘翅目，鳃金龟科。在中国的分布北起黑龙江、内蒙古、新疆，南至江苏、安徽、湖北、四川，东起俄罗斯东境，西至甘肃，折入四川。

(1) 危害特点 主要以幼虫（蛴螬）在地内咬断或咬伤幼苗或幼苗的根部，引起植株死亡，造成缺苗断条。见彩图 32。

(2) 发生规律 北方地区大黑鳃金龟 2 年发生 1 代，成虫、幼虫均可越冬，越冬成虫春季 10 厘米土温达 14～15 ℃时开始出土，10 厘米土温达 17 ℃以上时盛发：日平均温度 21.7 ℃时开始产卵，幼虫孵化后活动取食。秋季土温低于 10 ℃时开始向深土层移动，5 ℃以下全部进入越冬状态，趋光性弱，有假死性，飞翔力弱，活动范围较小，常在局部形成连年危害的老虫窝，幼虫分 3 龄，全部在土壤中度过，一年中随土壤温度变化而上下迁移，以 3 龄幼虫历期最长，危害最重。

(3) 防治方法 ①农业防治。将大豆与玉米进行轮作种植即可减少幼虫蛴螬危害；加强中耕可机械杀伤或将害虫翻至地面，使其暴晒而死或被鸟类啄食；有机肥应充分腐熟后施用，防止招引成虫取食产卵；在幼虫危害期，结合大豆生长需要适时灌溉可减轻危害。②化学防治。药剂拌种：用 30%毒死蜱微囊悬乳剂拌种，不用加水，充分拌匀后放阴凉处摊开晾干待用。土壤处理：在大豆播种前，用 2%的甲（乙）敌粉，兑细土拌匀，均匀撒布全田，随后机播将药剂翻入土壤。也可在大黑鳃金龟低龄幼虫期，用毒死蜱、米乐尔等进行土壤处理，结合中耕，开沟穴施或喷淋灌根。

137. 如何防治黑绒金龟对大豆的危害?

黑绒金龟又名东方金龟子、天鹅绒金龟子，属鞘翅目、鳃金龟科。主要分布于内蒙古、甘肃、河北、山东、河南、宁夏、江西等地。

(1) 危害特点 该虫主要在春季以越冬成虫危害，取食多种农作物、果树、林木等植物的嫩芽、幼叶，时常将嫩芽、幼叶吃光。见彩

图33。

(2) 发生规律 1年发生1代，以成虫或幼虫于土中越冬，3月下旬至4月上旬开始出土，4月中旬为出土盛期，5月下旬为交尾盛期，6月上旬为产卵盛期，6月中、下旬卵大量孵化，危害约80天左右老熟、化蛹，9月下旬羽化为成虫，成虫不出土在羽化原处越冬。以幼虫越冬者，次年4月间化蛹、羽化出土。成虫于6～7月间交尾产卵。卵孵后在耕作层内危害至秋末下迁，以幼虫越冬，次春化蛹羽化为成虫。

(3) 防治方法 ①农业防治。精耕细作，清除田边杂草，合理间种套作，水旱轮作，要施用充分腐熟的粪肥，适时灌水，结合秋施基肥进行土壤深翻，破坏黑绒金龟子越冬成虫的生存条件，可显著减少黑绒金龟存活率，降低虫口密度。②化学防治。在黑绒金龟发生盛期，可用3%啶虫脒乳油、48%毒死蜱乳油，或2.5%溴氰菊酯、5% S-氰戊菊酯、2.5%氯氟氰菊酯等药剂喷雾防治。

138. 如何防治沙潜对大豆的危害?

沙潜又称网目拟地甲，属鞘翅目拟步岬科，沙潜族沙潜属。该虫分布广，为食性非常复杂的地下害虫。分布于我国东北、华北、西北大部分地区。见彩图34。

(1) 危害特点 该虫寄主于蔬菜、豆类、小麦、花生等作物。以成虫和幼虫危害作物种子、幼苗、嫩茎、嫩根，影响出苗，幼虫还能钻入根茎、块根和块茎内食害，造成幼苗枯萎以致死亡。

(2) 发生规律 在东北、华北地区年发生1代，以成虫在土中、土缝、洞穴和枯枝落叶下越冬。翌春3月下旬杂草发芽时，成虫大量出土，取食蒲公英、野蓟等杂草的嫩芽，并随即在菜地危害蔬菜幼苗。成虫在3～4月活动期间交配，交配后1～2天产卵，卵产1～4厘米表土中。幼虫孵化后即在表土层取食幼苗嫩茎嫩根，幼虫6～7龄，历期25～40天，具假死习性。6～7月幼虫老熟后，在5～8厘米深处做土室化蛹，蛹期7～11天。成虫羽化后多在作物和杂草根部越夏，秋季向外转移，危害秋苗。沙潜性喜干燥，一般发生在旱地。成虫只能爬行，假死性特强。成虫寿命较长，最长的能跨越4个年度，连续3年都能产卵，且孤雌后代成虫仍能进行孤雌生殖。

(3) 防治方法 ①农业措施。秋冬季深翻土壤，机械损伤和冻害会降低越冬虫量，减少第二年的虫口基数，减轻危害。②播种前土壤处理。可选用40%毒死蜱乳油，加细沙土均匀撒施，随即浅锄；或用20%氰戊菊酯乳油兑水喷洒地面，深耙20厘米。③苗期药剂防治。可选用5%毒死蜱颗粒剂，兑细土，拌匀后沟施；或40%菊·马乳油、4.5%高效氯氰菊酯乳油兑水喷洒或灌根处理。

139. 如何防治蒙古土象对大豆的危害？

蒙古土象，别名蒙古象鼻虫、蒙古灰象甲，属于鞘翅目象甲科。多分布于我国东北、西北地区。见彩图35。

(1) 危害特点 以成虫取食刚出土幼苗的子叶、嫩芽、心叶，常群集危害，严重的可把叶片吃光，咬断茎顶造成缺苗断垄或把叶片食成半圆形或圆形缺刻。

(2) 发生规律 在内蒙古、东北、华北2年1代，黄海地区1～1.5年1代，以成虫或幼虫越冬。翌春气温近10℃时，开始出土，成虫白天活动，以10时前后和16时前后活动最盛，受惊扰假死落地。夜晚和阴雨天很少活动，多潜伏在枝叶间和作物根际土缝中。成虫一般5月开始产卵，多成块产于表土中，8月以后成虫绝迹。5月下旬幼虫开始孵化，幼虫生活于土中，危害植物地下部组织，至9月末筑土室越冬。翌春继续活动危害，至6月中旬开始老熟，筑土室化蛹。7月上旬开始羽化，不出土即在蛹室内越冬。

(3) 防治方法 ①诱杀防治。在大发生田块四周可挖宽、深各40厘米左右的沟，内放新鲜或腐败的杂草诱集成虫集中灭杀。②药剂防治。在成虫出土危害期用2.5%溴氰菊酯乳油兑水喷雾。

140. 如何防治豆芫菁对大豆的危害？

豆芫菁又名白条芫菁、锯角豆芫菁，属于鞘翅目芫菁科。其在我国的分布北至黑龙江、内蒙古、新疆，南至台湾、海南、广东、广西。见彩图36。

(1) 危害特点 成虫群聚，大量取食叶片及花瓣，影响结实。

(2) 发生规律 生活习性在华北地区年发生1代，湖北年发生2代，均以5龄幼虫（伪蛹）在土中越冬，翌春蜕皮发育成6龄幼虫，再发育化蛹。一代区于6月中旬化蛹，6月下旬至8月中旬为成虫发生与危害期；二代区成虫于5～6月间出现，集中危害早播大豆，而后转害茄子、番茄等蔬菜，第一代成虫于8月中旬左右出现，危害大豆，9月下旬至10月上旬转移至蔬菜上危害，发生数量逐渐减少。成虫白天活动，尤以中午最盛，群聚危害，喜食嫩叶、心叶和花。成虫遇惊常迅速逃避或落地藏匿，并从腿节末端分泌含芫菁素的黄色液体，触及皮肤可导致红肿起泡。成虫羽化后4～5天开始交配，交配后的雌虫继续取食一段时间，而后在地面挖一5厘米深、口窄内宽的土穴产卵，卵产于穴底，排成菊花状，然后用土封口离去。成虫寿命在北方为30～35天，卵期18～21天，孵化的幼虫从土穴内爬出，行动敏捷，分散寻找蝗虫卵及土蜂巢内幼虫为食，如未遇食，10天内即死亡，以4龄幼虫食量最大，5～6龄不需取食。

(3) 防治方法 ①农业防治。害虫发生严重地区或田块，收获后及时深耕翻土，可消灭大部分土中虫蛹。②药剂防治。可于成虫发生期选用2.5%功夫乳油兑水喷雾防治，1～2次或更多，交替喷施，喷匀喷足。

141. 如何防治豆根蛇潜蝇对大豆的危害？

豆根蛇潜蝇又名大豆根潜蝇、大豆根蛇潜蝇、大豆根蛆，属于双翅目潜蝇科，主要寄主是大豆和野生大豆。在我国分布于黑龙江、吉林、辽宁、内蒙古、山东、河北等地，以黑龙江和内蒙古受害较重。见彩图37。

(1) 危害特点 幼虫在幼苗根部皮层钻蛀危害，被害根变粗、变褐或纵裂，或畸形增生或生肿瘤。大豆幼苗受害后长势弱，植株矮小，叶色黄，受害严重者逐渐枯死。受害轻者，在幼虫化蛹后，根部伤口愈合，植株恢复生长，但根瘤较少而小，顶叶发黄、荚少，产量也降低。

(2) 发生规律 在内蒙古、东北每年发生1代，以蛹在大豆根茬或被害根部附近土壤中越冬。在东北，越冬蛹在5月中、下旬至6月上旬羽化，6月上、中旬成虫盛发，6月中旬为产卵盛期，6月中、下旬为幼虫盛发期，6 月下旬至 7 月中旬幼虫陆续化蛹越冬，蛹期长达 320～340 天。

豆根蛇潜蝇的发生与气候因素和耕作制度关系密切。①气候因素。气温和湿度影都响着大豆根潜蝇成虫的羽化、交配、产卵，其最适温度为 20～25 ℃，降雨后土壤湿润对羽化及成虫发生有利。②种植制度。茬口不同，大豆根潜蝇发生程度不同。重茬地越冬虫源数量较多，发生危害重；迎茬、正茬地发生较轻。土壤肥沃程度影响着大豆苗的生长势，进而影响受害植株的恢复能力。晚播地块，当大豆根潜蝇幼虫盛发时，大豆幼苗根茎表皮细嫩，易受其危害。秋耕深翻或秋耢茬地块发生轻。秋季深翻 20 厘米以上，能把蝇蛹埋入土层较深处，降低羽化率。

（3）防治方法 ①农业防治。施足基肥，适当增施磷钾肥，培育壮苗，增加豆株的抗虫能力；适时早播，尽可能避开成虫产卵和孵化盛期，能减轻危害；豆田秋季深翻或耙茬能把蝇蛹埋入土层较深处降低羽化率，秋耢当年豆茬地能把在地表下越冬蛹带到地表，经冬季长期低温和干燥的影响，死亡率增加。②化学防治。播种前用 50%辛硫磷乳油按种子重量的 0.2%拌种；或用 2.5%溴氰菊酯乳油、40%乐斯本乳油兑水喷施防治成虫，或在成虫盛发期用 80%敌敌畏乳油，混拌细沙，均匀撒在地内，药剂熏杀成虫。

142. 如何防治小地老虎对大豆的危害？

小地老虎又名土蚕、地蚕，属鳞翅目夜蛾科。见彩图 38。

（1）危害特点 主要取食作物的种子、根、茎、块根、块茎、幼苗、嫩叶及生长点等，常常造成缺苗断垄或成片死亡，严重的导致毁种。白天藏匿于 2～6 厘米深的表土中，夜间出来危害，常咬断作物近地面的嫩茎，并将咬断的嫩茎拖回洞穴，半露地表，极易发现。当植株长大根茎变硬时，幼虫爬上植株，咬断柔嫩部分，拖到洞穴取食。

（2）发生规律 年发生代数随各地气候不同而异，愈往南年发生代数愈多。在长江以南以蛹及幼虫越冬，但在南亚热带地区无休眠现象，从 10 月到翌年 4 月都见发生和危害。西北地区年 2～4 代，长城以北一般年2～3代，长城以南黄河以北年3代，黄河以南至长江沿岸年4代，长江以南年4～5代，南亚热带地区年6～7代。无论年发生代数多少，在生产上造成严重危害的均为第一代幼虫。南方越冬代成虫2月出现，全国大部分地区羽化盛期在3月下旬至4月上、中旬，宁夏、内蒙古为4月下旬。

成虫多在下午3点至晚上10点羽化，白天潜伏于杂物及缝隙等处，黄昏后开始飞翔、觅食，3～4天后交配、产卵。卵散产于低矮叶密的杂草和幼苗上，少数产于枯叶、土缝中，近地面处落卵最多，每雌虫产卵800～1 000粒，多达2 000粒；卵期约5天左右，幼虫6龄，个别7～8龄，幼虫期在各地相差很大，但第一代约为30～40天。幼虫老熟后在深约5厘米土室中化蛹，蛹期约9～19天。

成虫的活动性和温度有关，在春季夜间气温达8℃以上时即有成虫出现，但10℃以上时数量较多、活动愈强；具有远距离南北迁飞习性，春季由低纬度向高纬度，由低海拔向高海拔迁飞，秋季则沿着相反方向飞回南方；微风有助于其扩散，风力在四级以上时很少活动；对普通灯光趋性不强、对黑光灯极为敏感，有强烈的趋化性，特别喜欢酸、甜、酒味和泡桐叶。

(3) 防治方法 ①农业防治。春播大豆未出土前，小地老虎成虫大部分在土表产卵，幼虫孵化后，先在幼嫩的杂草上危害，春播精细整地、清除杂草，可以消灭大部分初孵化的幼虫。②化学防治。撒施毒土：可选用2.5%溴氰菊酯乳油配成毒土，顺垄撒施于幼苗根标附近。地面施药：每公顷可选2.5%溴氰菊酯乳油兑水喷雾，喷药适期应在幼虫3龄盛发前。

143. 如何防治大豆毒蛾对大豆的危害?

大豆毒蛾又名肾毒蛾，属鳞翅目毒蛾科，危害多种经济、观赏植物，如莲藕、大豆、芦苇、苜蓿、棉花、紫藤、樱桃、海棠、柳、柿、榆、茶等。在我国的分布北起黑龙江、内蒙古，南至台湾、广东、广西、云南等。

(1) 危害特点 以幼虫食害大豆叶片，将叶片咬成缺刻和孔洞，当虫口密度大时可将叶片全部吃光，造成植株衰弱，产量下降。见彩

图 39。

（2）发生规律 大豆毒蛾成虫具有趋光性，卵产在叶片背面，每个卵块有卵 50～200 粒。初孵幼虫群集在叶片背面危害，不久分散危害，老熟幼虫在叶片背面做茧化蛹。豆毒蛾在东北 1 年发生 2～3 代，以幼虫越冬。越冬代成虫出现在 5 月上旬，第 1 代幼虫发生期在 5 月中下旬，主要在豆田外寄主如柿、柳等上危害；第 2 代卵盛期为 6 月下旬，幼虫危害盛期出现在 7 月上、中旬，7 月下旬化蛹。7 月底至 8 月初第 2 代成虫羽化。8 月上旬开始出现第 3 代卵，幼虫危害盛期在 8 月中、下旬。

（3）防治方法 ①灯光诱杀。利用黑光灯诱杀成虫。②生物防治。喷施微生物制剂（青虫菌制剂、白僵菌制剂），在幼虫期兑水喷雾。③化学防治。利用低龄幼虫集中危害的特点，在 1～3 龄期，可选用 10%吡虫啉可湿性粉剂或 50%杀螟松乳油等兑水喷雾防治。

144. 如何防治苜蓿夜蛾对大豆的危害？

苜蓿夜蛾，又名甜菜夜蛾，属鳞翅目夜蛾科。在我国分布于江苏、湖北、云南、黑龙江、四川、西藏、新疆、内蒙古等地。危害豌豆、大豆、向日葵、麻类、甜菜、棉、烟草、马铃薯及绿肥作物，食性很杂，特别对豆科植物中的苜蓿、草木樨和其他豆科作物危害较重。见彩图 40。

（1）危害特点 1、2 龄幼虫多在叶面取食叶肉，2 龄以后常从叶片边缘向内蚕食，形成不规则的缺刻。幼虫也常喜钻蛀寄主植物的花蕾、果实和种子。

（2）发生规律 每年发生 2 代。以蛹在土中越冬。成虫羽化后需吸食花蜜作补充营养，并有趋光性。成虫白天在植株间飞翔，取食花蜜，产卵于棉叶背面，卵期约 7 天。幼龄幼虫有吐丝卷叶习性，在叶内取食，受惊后迅速后退。长大后则不再卷叶，蚕食大量叶片。老熟幼虫受惊后则卷成环形，落地假死。第 1 代幼虫 7 月入土做土茧化蛹，成虫于 8 月羽化产卵。第 2 代幼虫除食叶外，并大量蛀食豆荚、棉铃等果实，危害严重，9 月幼虫老熟入土做土茧化蛹越冬。

（3）防治方法 ①秋翻地，消灭一部分越冬虫蛹。②用黑光灯或糖醋液诱杀成虫。③用2.5%溴氰菊酯兑水喷雾防治，连续防治2～3次。

145. 如何防治豆卷叶野螟对大豆的危害？

豆卷叶野螟，又名郁金野螟蛾，属鳞翅目螟蛾科，主要危害大豆、绿豆、菜豆、荨麻等。主要分布于我国东北南部、山东、内蒙古等地区，以辽宁发生较重。

(1) 危害特点 豆卷叶野螟是大豆主要害虫之一，主要以幼虫危害叶片。低龄幼虫不卷叶，3龄后把叶横卷成筒状，藏在卷叶里取食，有时数叶卷在一起，大豆开花结荚期受害重，常引致落花、落荚。见彩图41。

(2) 发生规律 南方年生4～5代，辽宁年生2代，以3、4龄幼虫在卷叶里吐丝结茧越冬。翌年5月下旬至6月上旬化蛹，6月中旬成虫出现，6月下旬至7月上旬进入盛发期。7月上中旬为1代卵盛期。7月中旬孵化出幼虫，7月中旬至8月上旬进入幼虫危害盛期。8月中下旬化蛹，一代成虫在8月下旬至9月上旬羽化，8月下旬至9月上旬进入2代卵盛期。幼虫在8月下旬至9月上旬孵化，9月中下旬发育到3～4龄开始越冬。卵期5天，幼虫共6龄，历期28天左右，蛹期10～11天，成虫寿命15～17天，完成一个世代需47～51天。大豆卷叶螟喜多雨湿润气候，一般干旱年份发生较轻。生长茂密的豆田重于植株稀疏田，大叶、宽叶品种重于小叶、窄叶品种。

(3) 防治方法 ①农业防治。合理密植，减少田间郁闭；适时灌溉，雨后及时排水，降低田间湿度；科学施肥，增施磷钾肥，避免偏施氮肥；大豆采收后，及时清除田间枯枝落叶，带出田外集中烧毁或深埋。②物理防治。利用黑光灯对成虫诱杀；用苏云金杆菌乳剂兑水喷雾防治。③化学防治。用2.5%三氟氯氰菊酯乳油或2.5%高效氟氯氰菊酯乳油、1.8%阿维菌素乳油兑水喷雾防治。每隔7～10天防治1次，连续防治2次。最好在成虫产卵盛期，或幼虫孵化盛期（大豆十株有1%～2%的植株有卷叶危害状时）喷药，卷叶后喷药效果较差。

146. 如何防治斑缘豆粉蝶对大豆的危害?

斑缘豆粉蝶属鳞翅目粉蝶科，是大豆等农作物及牧草的主要害虫。东北、华北、华中、新疆、西藏、江苏、浙江、福建、云南等地均有分布。

(1) 危害特点 幼虫蚕食叶片，危害大豆及豆科其他作物。见彩图42。

(2) 发生规律 通常以幼虫或蛹越冬。在吉林省一年约发生2代，越冬代成虫一般在5月出现，6月末至7月下旬出现当年第一代成虫，9月初至10月上旬均可见到成虫。

(3) 防治方法 选择防治最佳时期即卵孵化盛期至幼虫3龄前，用3.2%甲维盐·氯氰微乳剂（中等毒）或0.5%苦参碱水剂（低毒）、2%甲氨基阿维菌素苯甲酸盐微乳剂（低毒）兑水全田均匀喷雾，虫情严重时或害虫抗药性大的地方可适当增加药量。每7天左右施药一次，可连续用药2次。

147. 如何防治大豆菟丝子对大豆的危害?

(1) 危害症状 菟丝子是一种寄生植物，不含叶绿素，本身不能进行光合作用，寄生在其他植物上，并且从接触宿主的部位伸出尖刺，戳入宿主体内直达韧皮部，吸取养分以维持自身的生存。见彩图43。

种子萌发时幼芽无色，呈丝状，附着在土粒上，另一端形成丝状的菟丝，在空中旋转，碰到寄主就缠绕其上，在接触处形成吸根，进入寄主组织后，部分细胞组织分化为导管和筛管，与寄主的导管和筛管相连，吸取寄主的养分和水分。此时初生菟丝死亡，上部茎继续伸长，再次形成吸根，茎不断分枝伸长形成吸根，再向四周不断扩大蔓延，严重时将整株寄主布满菟丝子，使受害植株生长不良，也有寄主因营养不良加上菟丝子缠绕引起全株死亡。菟丝子的种子有休眠作用，所以一旦田地被菟丝子侵入后，会造成连续数年均遭菟丝子危害问题。

(2) 防治措施 ①农业防治。受害严重的地块，每年深翻，凡种子埋于3厘米以下便不易出土。春末夏初及时检查，发现菟丝子连同杂草及毒主受害部位一起消除并销毁。②药剂防治。种子萌发高峰期地面喷1.5%五氯酚钠和2%扑草净液，以后每隔25天喷1次药，共喷3～4次，以杀死菟丝子幼苗。

148. 如何防治鸭跖草对大豆的危害?

(1) 危害症状 鸭跖草（俗称蓝花草）属一年生草本植物。鸭跖草仅上部直立或斜伸，茎圆柱形，长约30～50厘米，茎下部匍匐生根。叶互生，无叶柄，披针形至卵状披针形，第一片叶长1.5～2.0厘米，有弧形脉，叶较肥厚，表面有光泽，叶基部下延成鞘，具紫红色条纹，鞘口有缘毛。小花每3～4朵一簇，由一绿色心形折叠苞片包被，着生在小枝顶端或叶腋处。果椭圆形，2室，有种子4粒。种子土褐色至深褐色，表面凹凸不平。依靠种子繁殖。鸭跖草发芽适温15～20℃，土层内出苗深度0～3厘米，埋在土壤深层的种子5年后仍能发芽。见彩图44。

(2) 防治措施 ①人工或机械防治。以土壤含水量和鸭跖草叶龄为主要参考因素选择除草时机。当土壤表土层水分含量低于13%，而且5～6天内无降雨时进行及时防除，可以彻底灭草。鸭跖草二叶期以前无再生能力，此期进行各种有效的除草作业都能将其彻底消灭。②药剂防治。苗前土壤处理施用禾耐斯＋广灭灵＋赛克、乙草胺＋广灭灵＋赛克、禾耐斯＋DE565等配方效果较好；苗后早期（鸭跖草3～4叶期）喷施高剂量DE565＋拿捕净、DE565＋普施特效果较好。

149. 如何防治刺儿菜对大豆的危害?

(1) 危害症状 刺儿菜是东北地区常见的一种田间杂草，学名小蓟，多年生草本植物，地下部分常大于地上部分，根茎较长。茎直立，幼茎被白色蛛丝状毛，有棱，高30～80厘米，基部直径3～5毫米。有时可达1厘米，上部有分枝，花序分枝无毛或有薄绒毛。叶互生，基生叶花时凋落，下部和中部叶椭圆形或椭圆状披针形，长7～10厘米，宽1.5～2.2厘米，表面绿色，背面淡绿色，两面有疏密不等的白色蛛丝状毛，顶短尖或钝，基部窄狭或钝圆，近全缘或有疏锯齿，叶缘有细密的针刺，针刺紧贴叶缘，无叶柄。见彩图 45。

(2) 防治措施 ①人工及机械防治。在杂草三四叶期，人工拔除，尽量将杂草连根拔除，避免地下根茎再生出新的茎叶；或者在大豆三四叶期利用旋转锄作业除草。②药剂防治。苗前土壤处理施用禾耐斯＋广灭灵＋赛克、乙草胺＋广灭灵＋赛克、禾耐斯＋DE565 等配方效果较好；苗后早期喷施高剂量 DE565＋拿捕净、DE565＋普施特效果较好。

150. 如何防治问荆对大豆的危害？

(1) 危害症状 问荆，别名接续草、公母草、空心草、节节草、接骨草等，为多年生草本植物。根系在地下横生，呈黑褐色。地上茎直立，由根状茎上生出，茎细长，节和节间明显、节间中空，表面有明显的纵棱。有能育茎（生殖枝）和不育茎之分。能育茎无色或带褐色，春季由根状茎上生出，单生无分枝，顶端生有 1 个像毛笔头似的孢子叶穗；不育茎（营养枝）绿色多分枝，每年春末夏初当生殖枝枯萎时，从地上茎上长出。叶退化为细小的鳞片状。见彩图 46。

(2) 防治措施 ①控制杂草种子入田。首先是尽量勿使杂草种子或繁殖器官进入农田，清除地边、路旁的杂草，严格杂草检疫制度，精选播种材料，以减少田间杂草来源。②施用腐熟的农家肥。用杂草沤制农家肥时，应将含有杂草种子的农家肥经过用薄膜覆盖，高温堆沤 2～4 周，腐熟成有机肥料，杀死其发芽力后再用。③人工或机械除草。结合农事活动，如在杂草萌发后或生长时期直接进行人工拔除或铲除，或结合中耕施肥等农耕措施剔除杂草。④化学防治。土壤处理：在大豆播后苗前用 48%广灭灵进行土壤处理，也可视草情与其他除草剂混合使用，以达到全面除草效果；茎叶处理：可于大豆 2～3 片复叶期施 25%氟磺胺草醚＋10.8%高效盖草能，施药后问荆黑褐色，轮枝枯死或生长受抑制，若能及时中耕覆土将问荆埋压，或机械深松时，在深松杆齿底部加横钢丝切断问荆根系效果更好。

151. 如何防治芦苇对大豆的危害?

(1) 危害症状 芦苇，又名芦头、芦柴、苇子，多年生草本杂草，是大豆田难防除的杂草之一。芦苇的植株高大繁茂，地下有发达的匍匐根状茎。茎秆直立，秆高1～3米，节下常生有白粉。叶鞘圆筒形，无毛或有细毛。叶舌有毛，叶片长线形或长披针形，排列成两排。叶片长15～45厘米，宽1～3.5厘米。圆锥花序分枝稠密，向斜伸展，花序长10～40厘米，小穗有小花4～7朵；颖有3脉，一颖短小，二颖略长；小花多为雄性；第二外颖先端长、渐尖，基盘的长丝状柔毛长6～12毫米；内稃长约4毫米，脊上粗糙。具长、粗壮的匍匐根状茎，以根茎繁殖为主。见彩图47。

(2) 防治措施 在芦苇3～5叶前用精吡氟禾草灵+芦茅根专用除助剂稀释均匀后喷雾，防除效果较好。第一次喷药后可间隔7～10天，再喷第二次，一般要连续喷雾两次效果最佳。最佳用药时间是在芦苇刚长出地面呈竹笋状时，防除效果可达到95%以上。如果田间芦苇较大时，可以使用10%的草甘膦水剂涂抹。

152. 大豆幼苗莠去津残留药害的表现有哪些，如何防止?

阿特拉津（莠去津）是选择性内吸传导型苗前土壤处理除草剂，常用于玉米田、甘蔗田除草。虽然莠去津除草效果明显，但容易造成残留，给农作物造成危害。见彩图48。

阿特拉津以根系吸收为主，茎叶吸收很少，能迅速传导到杂草分生组织和叶部，干扰光合作用，使杂草死亡。在土壤中的半衰期为35～50天，在地下水中的半衰期为105～200天。阿特拉津持效期长，容易对后茬敏感作物如大豆、水稻、甜菜、油菜、亚麻、西瓜、甜瓜、小麦、大麦、蔬菜等造成危害。生产上应控制用药量，或者与其他除草剂混用以减少用药量，避免对后茬作物造成危害。

玉米和大豆轮作是我国东北地区应用广泛的种植方式，但玉米田除草剂阿特拉津（莠去津）常引起下茬大豆药害。研究表明，大粒型大豆品种对阿特拉津耐药性强，小粒型品种则敏感，因此，种植大粒或中大粒品种，可使阿特拉津对大豆危害降到最低。另外，如果药害面积小，可以换土，补种大粒种子作物或大块马铃薯减小损失。喷施芸薹素内酯、复硝酚钠等促进生长的药物，有利于缓解药害。

153. 造成大豆苗后除草剂药害的主要原因有哪些？

（1）低温多雨导致大豆幼苗发育不良，代谢差解毒慢 早春低温多雨气候会导致大豆幼苗发育不良，从而诱发植株对豆磺隆、豆草特、虎威等除草剂代谢能力差，体内解毒作用缓慢，出现药害。

（2）由除草剂自身特性带来的药害 苗后防除阔叶杂草除草剂对大豆选择性不强，多数有不同程度的触杀性药害，但一般对产量影响不大。

（3）大多数苗后除草剂药害来自使用技术不当 ①喷药机械不合格，作业不标准。喷雾机械压力不足、不稳，喷杆高度不合适，无搅拌装置，喷嘴流量不准确，车速不一致，喷洒不均匀，喷液量和用药量不准确，剩余药液重复喷施，均会造成药害产生或加重。②施药时气象条件不良。有些种植户认为施用苗后除草剂，温度越高药效越好，因此选择晴天中午高温时施药，但温度超过27℃或低于15℃时施药，均易产生严重的药害。③盲目加大用药量。任何除草剂均有一定的安全用量范围。部分种植户为提高除草效果，盲目加大用药量而导致药害发生。④施药时期不当。如在大豆3片复叶期后施豆草特，会造成大豆生长受抑制，约20天才能恢复正常生长，茎叶脆而易折，结荚少，生育期滞后而减产。⑤除草剂混用不合理。不同除草剂品种混用不当，会产生拮抗作用或抑制大豆对除草剂的解毒作用而造成药害，如豆草特与豆磺隆、三氟羧草醚与稀禾定混用，会加重触杀性药剂对大豆造成的药害程度。

154. 如何防止大豆苗后除草剂药害？

（1）注意除草剂的选择 选择的除草剂既要有较高的除草效果，更要对大豆安全。应针对杂草群落、药剂特点、大豆品种耐药性等因素进行综合考虑，避免药害（彩图49）。

（2）注意用药量 严格遵守除草剂的建议用药量，不能超量用药。另外，施药应均匀一致，做到不重喷不漏喷，喷雾机械应达到要求。

(3) 注意施药时的气象条件 施药时适宜温度为15～27℃，空气相对湿度在65%以上，风速4米/秒以下，只有在相对适宜的气象条件下施药，才能保证苗后除草剂的药效，避免药害产生或加重。

(4) 严格掌握施药时期 大豆苗后除草剂必须在对大豆幼苗安全的前提下施用。在大豆具有耐药性时期内，选择有针对性的除草剂，能有效避免药害产生。

(5) 应用植物油型除草剂喷雾助剂 植物油型除草剂喷雾助剂与作物有亲和性，具有明显的增效作用，可减少除草剂用量，避免除草剂过量对大豆幼苗的伤害。

155. 大豆田化学除草应注意哪些问题?

(1) 化学除草剂应配合施用 适用大豆田的化学除草剂的杀草效果是选择性的，一种除草剂不可能防除所有种类的杂草，另外，除草剂的药效是有时间限制的，药效期过后生长的杂草，除草剂就不起作用了。所以，生产中常进行几种化学除草剂的混配，扩大杀草谱。

视频5
大豆农药
喷施作业

(2) 选用合适的除草剂 大豆田除草剂有几种类型，可以根据当地的具体情况，进行选用。有适于播种前进行土壤处理的除草剂，也有适于播后苗前进行土壤封闭处理的除草剂，还有出苗后进行茎叶处理的除草剂。

(3) 应根据不同的土壤类型选用不同浓度的除草剂 一般播后苗前进行封闭处理的除草剂，在使用时要根据土壤类型作适当的浓度调整，沙性大的土壤施用浓度要适当降低，有机质含量较高的黏性土壤，除草剂的施用浓度要提高20%左右，这样既可以达到理想的除草效果，又不会伤苗。

(4) 使用除草剂时土壤应保持一定的墒情 除草剂并不是在任何天气条件下都有很好的效果。大豆除草剂要发挥最大效果，一般需要土壤保持一定的墒情，土壤含水量太低，药效差；施药后降雨太多，药效也不佳，有时还会因除草剂药液下渗，造成药害。特别是氟乐灵、甲草胺、异丙甲草胺、乙草胺等对土壤墒情要求较高，土壤墒情好，除草效果好。

(5) 喷施除草剂应注意方法 喷施除草剂，特别是对于播后苗前进行封闭处理的除草剂，为了保证封闭效果，在进行人工喷施时，一定要实行倒行作业，即人退着行走作业，否则，人行走的脚印处，得不到有效的封闭，杂草丛生。在进行机械作业时，要求喷头持在机械的后面，喷头与喷头之间的喷雾范围要交叉，以实现全田全封闭。施药后，在药效时间内，不要进地，以免破坏封闭层，影响封闭效果。

(6) 施药应注意用水量和施药时间 施用除草剂时，稀释水量的多少视土壤墒情而定，土壤湿润时宜少用水，反之，宜多用水；晴天宜多，阴天宜少。一般每公顷的用水量以600～900千克为宜。施药应避开高温和雨日，一般在晨露干后至上午10点前和下午4点后，阴天全天均可施药，施药应均匀周到。

(7) 施药时应注意防护 与施用其他农药一样，操作时应穿长袖衣裤、戴口罩，走在上风施药。操作期间禁止饮食、吸烟，施药结束后要及时反复用肥皂水将全身清洗多次，以防中毒。

(8) 施药结束后应及时清洗药械 施药结束后应及时倒掉残液并深埋，用清水和碱水冲洗药械数次，防止以后使用药械时伤及其他作物。

156. 触杀型除草剂对大豆的药害表现有哪些？

以二苯醚类除草剂为代表的触杀型除草剂可被植物迅速吸收，但传导性较差。

二苯醚类除草剂必须在光照条件下才能发挥除草活性。在正常用量下，大豆叶片上也会产生接触型药害斑，但可以很快恢复，对大豆生长发育和产量基本无影响，但用量过高时也会产生较重的接触型药害。如果用药过晚，大豆叶片3片复叶以上时，所有接触到药液的叶片均会受害，这样就会影响大豆的正常生长，可能会造成大豆减产。

三氟羧草醚对大豆的触杀型药害表现为：大豆叶片产生接触型灼伤状药害斑，严重的叶片皱缩、脱落，药害斑不会扩散，不抑制大豆生长，药害恢复较快，1～2周可恢复生长，对产量影响很小。

乙羧氟草醚对大豆的触杀型药害表现为：产生触杀型灼伤，药害斑不会扩散，不抑制大豆生长，药害恢复较快，1～2周可恢复正常生长，不影响大豆产量。

乳氟禾草灵对大豆会有不同程度的药害，正常用药量下药害较轻，叶片上会出现较少的暂时性的接触型药害斑，病害斑不再继续扩大，能在1周之内很快长出新叶，新生叶片生长正常，不会影响大豆产量。

精喹禾灵用量过大时也能造成触杀型药害，特点是药害斑较大，呈白色或淡褐色，并有黄色边缘，很像大豆的叶部病害。药害斑只停留在接触过药液的叶片上，不会向其他叶片扩展，新出生的叶片上不再形成药害斑，也不会影响大豆产量。

157. 生长抑制型除草剂对大豆的药害表现有哪些？

生长抑制型除草剂包括酰胺类、咪唑啉酮类、磺酰脲类和磺酰胺类。在正常用药量和正常的环境条件下对大豆安全，不会产生药害。但是在遇到异常的环境条件时，就会引起药害。

（1）酰胺类除草剂 乙草胺、异丙甲草胺等，在大豆播前或播后苗前土壤处理，施药后如遇低温、土壤高湿、持续降雨或田间积水等恶劣条件就会造成药害。症状为抑制幼芽生长，主根短，侧根少，幼芽生长缓慢。出苗后，真叶或第一、第二片复叶皱缩，叶脉短缩成抽丝状，小叶前端凹陷成心形，或不规则缺刻状，有时叶片内卷成杯状。药害严重时，大豆根系甚至地上部生长受到抑制，同时伴随着大豆根部病害加重。当环境条件好转时，轻度药害可以恢复正常生长，药害严重时也能恢复，但可能对产量有些影响。

（2）咪唑啉酮类除草剂 茎叶处理，轻度药害，大豆新叶褪绿，轻微皱缩，1～2周恢复正常，对生长发育和产量无明显影响。中度药害，叶片沿叶脉产生抽丝状皱缩，向外翻卷，叶背脉和叶柄变褐色。重度药害，生长点萎蔫，逐渐枯死，可由下部子叶叶腋长出新枝，以后出生的叶片正常，但生长受到较严重的抑制，植株矮化。中度和重度药害使大豆生长受到较重抑制，生长发育延迟，遇早霜可造成明显减产。

（3）磺酰脲类除草剂 土壤处理对大豆出苗无影响，但出苗后初生叶片边缘可能褪绿，生长稍微受到抑制，后期可以恢复正常。茎叶处理比较敏感，药害一般较重，且恢复很慢，对生长发育和产量可造成较大影响。症状表现为叶片皱缩，叶背面变红紫，叶脉和叶柄变褐色，有的生长点萎蔫死亡，主茎髓部变褐色，植株瘦弱甚至死亡。

（4）酰胺类除草剂 土壤处理不影响大豆出苗，但出苗后真叶和初生叶褪绿，生长受到抑制，药害可以恢复，一般不影响后期生长发育。茎叶处理，大豆叶片褪绿，叶脉成抽丝状皱缩，叶片向背面翻卷，生长受到抑制。药害严重时生长点生长异常，叶片簇生，或生长点萎蔫，药害持续时间较长。如果生长点未枯死，后期可恢复生长，但植株较矮。若生长点枯死，可从基部子叶叶腋长出新枝，但生育延迟，影响产量。

158. 易淋溶性除草剂对大豆的药害表现有哪些？

淋溶性除草剂的典型代表是三氮苯类的嗪草酮，在正常的土壤环境和气候条件下，嗪草酮用做苗前土壤处理，对大豆安全。

（1）用药量过高，或施药不均匀，容易产生药害 轻度药害叶片褪绿、皱缩，重者叶片变黄、变褐枯死，往往是下部老叶片先受害，逐渐向上蔓延，严重时全株枯死。

（2）沙壤土、盐碱土、白浆土上容易产生药害 用在沙壤土、盐碱土、白浆土上时，由于土壤保水性差，易产生淋溶性药害。在大豆苗期遇较大降雨时，会将药剂淋洗至耕层土壤中，大豆根部吸收药剂后会产生药害。

药害症状：嗪草酮土壤处理一般不影响大豆出苗和根系生长，出苗后，叶片顶端边缘或近叶脉处黄化，随后变褐干枯。也可使整个叶片褪绿，变成灰褐色，向内翻卷，枯干，大豆植株瘦弱。在遇到较大降雨后，常常会造成大豆死苗，导致田间缺苗断条。

159. 易被雨水反溅的除草剂对大豆的药害表现有哪些？

（1）丙炔氟草胺 是一种优良的环状亚胺类土壤处理除草剂，用于大豆田播前或播后苗前土壤处理。在正常用药量范围内、正常的环境条件下，对大豆安全。但如果在大豆拱土期至大豆幼苗1片复叶前、幼苗较小时遇到较强的降雨，会将药土反溅到大豆苗的叶片和生长点上，造成药害，有时会是较严重的药害。轻者叶片产生接触型药害斑，严重的生长点死亡，在子叶的叶腋再长出新的分枝，如果气候条件很快好转，大豆会很快恢复生长，生育期可能会稍有延迟，造成一定的减产。

因此，丙炔氟草胺在播前或播后苗前施药时，平作大豆要浅混土，垄作大豆应培土2厘米，这样不仅可以防止药剂被风蚀，而且能防止大豆苗期降大雨造成药土随雨滴溅到大豆叶片和生长点上，对大豆产生药害。

(2) 噻吩磺隆 属内吸传导型苗后选择性除草剂。施药后如果不混土，土壤表面的药土可能会在降雨量大或下急雨时飞溅到刚出苗的大豆幼苗上，使大豆苗受害，严重时可使大豆苗生长点枯死，影响正常生长。因此，噻吩磺隆在播后苗前施药，最好播种后随即施药，平作大豆要浅混土，垄作大豆应培土2厘米。

160. 如何减少长残留除草剂对后茬作物的影响?

长残留除草剂的主要品种有咪唑乙烟酸、氯嘧磺隆、异恶草松、氟磺胺草醚、甲氧咪草烟、唑嘧磺草胺等，其中以咪唑乙烟酸和氯嘧磺隆危害最重。前茬大豆田施用咪唑乙烟酸的地块，后茬一年内不得改种玉米、小麦、大麦、烟草；一年半内不得改种棉花、向日葵；两年内不得改种水稻、高粱和谷子；三年内不得改种油菜、马铃薯、瓜类和蔬菜；四年内不得改种甜菜、亚麻。前茬大豆田施用氯嘧磺隆的地块，后茬一年内不得改种水稻、玉米、小麦、大麦、高粱、谷子、花生、烟草、向日葵和苜蓿；连年使用的地块和碱性地块，两年内也不得改种上述品种；三年内不得改种油菜、亚麻、马铃薯、瓜类、茄果类、白菜、萝卜、胡萝卜和甘蓝；四年内不得改种甜菜。

161. 大豆除草剂应用有哪些原则?

高效、安全、经济是大豆除草剂应用的基本原则。要求选用除草剂的除草药效在90%以上，对大豆和后作无药害，早期药害可恢复生长而不减产，对人、畜安全，不污染环境。使用大豆除草剂时应根据杂草的发生发展规律及群落组成与演变制定相应的防治策略。适时、适地、适量、适用，因地制宜，灵活应用。化学除草要与耕作技术相结合，严格遵守操作规程，坚持标准化作业，才能达到良好的除草效果，并且防止药害发生。

（1）坚持以土壤处理为主，茎叶处理为辅的原则 大豆土壤处理同茎叶处理相比较，药效稳定、成本略低、药害轻、综合效益好。

（2）抓住大豆田除草的关键期 茎叶处理施药的关键期是大豆播种后5～6周，此时大豆田杂草由营养生长期逐步转向生殖生长期。如果这部分杂草一直延迟到第七周后再除去，将不利于大豆增花保荚，会造成显著减产。土壤处理施药的关键期应在杂草萌发之前。

（3）混合使用除草剂 大豆田杂草多为禾本科与阔叶草混合发生，因此不论是土壤处理还是茎叶处理，使用除草剂时都应采用两类或两类以上防除禾本科杂草与防除阔叶杂草的除草剂，且应现混现用。

（4）坚持以草定药定量的原则 大豆田的杂草种类及分布情况在不同地区、不同地块有着较大的差异。应根据大豆田杂草的发生发展规律及群落组成，合理选择除草剂品种及剂量。

（5）安全使用除草剂 喷洒大豆除草剂时，应考虑对周围种植的其他作物的影响，喷洒茎叶处理除草剂时应更加谨慎。

（6）合理使用长效除草剂 对下茬作物造成药害的长效除草剂，如嗪草酮、异恶草松、咪唑乙烟酸、氯嘧磺隆等在土壤中长期残留，不仅无除草作用，还会对下茬敏感作物造成药害，轻者抑制生长、减产，重者死亡、绝产。此类除草剂应谨慎使用、限量使用。

162. 大豆除草剂土壤处理应注意的问题有哪些？

土壤处理按用药时间分为秋季土壤处理、播前土壤处理及播后苗前土壤处理。秋施除草剂是防除第二年春季杂草的有效措施，比春季施药安全，也是最有效的防除措施。进行土壤处理时，除应严格遵守除草剂使用原则外，还必须注意影响土壤处理除草剂药效发挥的相关条件，保证达到良好的封闭效果。

（1）坚持高标准整地 施药前必须认真整地，达到无秸秆，直径大于5厘米的大土块每平方米少于5个，切不可用施药后的混土耙地代替施药前的整地。不同整地条件下土壤处理除草剂的防效有着明显的差异。秋翻秋整地可以保持土壤的含水量，具有明显的保墒作用，从而提高土壤处理除草剂的药效。

(2) 坚持混土 施药后要及时混土。春季比较干旱，春旱时有发生，通过浅混土或蒙头土可避免除草剂挥发、光解、风蚀损失，并增加与杂草接触的机会，保证药效。机械混土的方法有：秋施药或播前施药，施药后用双列圆盘耙交叉耙地一遍，耙深10～15厘米；播后苗前施药，施药后用起垄机沿垄沟覆盖一层薄土，约2～3厘米厚，然后镇压。

(3) 注意施药时期 秋施药时间最好在10月中下旬气温5℃以下至封冻前。对于播后苗前处理而言，最好播种后立即施药，一般在播种后3天内施药。因苗前除草剂多数对杂草幼芽有效，施药过晚，杂草大，会降低除草效果。春季升温快，前期持续高温，部分杂草如稗草提早萌发，导致依靠胚芽鞘吸收的除草剂——乙草胺类的药效大为降低。

(4) 除草剂品种选择及用药量 大豆田土壤处理安全性好的除草剂有丙炔氟草胺、异恶草松、嗪草酮等。丙炔氟草胺在播后苗前施药后必须混土2厘米；施药后不混土，大豆幼苗遇大雨会造成触杀型药害；其在土壤干旱的条件下药效稳定、防效好，对后茬作物没有影响。异恶草松施药后必须混土，否则将影响药效，注意控制用药量，用药量高易对后茬作物产生药害。嗪草酮对后茬作物的安全性好、成本低、杀草谱广，但在有机质含量低于2%的壤质土，以及土壤pH≥7.5和前茬玉米田用过莠去津的地块药害重，不宜使用，低洼地施药药害更为严重，使用低剂量并与其他除草剂混配可提高对大豆的安全性。

(5) 因地制宜使用土壤处理除草剂 在使用土壤处理除草剂之前应测定土壤质地、有机质含量、pH、水分等，科学计算使用剂量。

163. 大豆除草剂茎叶处理的影响因素有哪些？

大豆田苗后茎叶处理作为苗前土壤处理的辅助措施多用于田间整

地不良，无法使用土壤处理的地块，以及因干旱造成土壤处理防效低、草荒严重的地块。影响茎叶处理除草剂防效及安全性的因素很多，主要因素有杂草生长情况、气候条件（包括温度、光照、湿度、雾、露、降雨、风速）等。

（1）杂草生长情况 茎叶处理除草剂的药效与杂草的叶龄及株高关系密切，一般杂草在幼龄阶段，根系少、次生根尚未充分发育，抗药性差，对药剂敏感。随着植株发育，对除草剂的抗性增强，因而药效降低，应适当增加用药量。

（2）气候条件 气候对茎叶处理有显著的影响，影响杂草对除草剂的吸收、传导与代谢。

① 温度。随着温度的升高茎叶处理的药效越来越显著，但温度超过 27 ℃时灭草松、氟磺胺草醚、三氟羧草醚药害严重，应停止施药；温度过低，除草剂在大豆植株内代谢缓慢，也易产生药害，一般温度低于 15 ℃时，应停止施用茎叶处理剂。

② 光照。光照影响杂草光合作用、蒸腾作用、气孔开放及光合产物的形成，充足的光照有利于茎叶处理除草剂的药效发挥。

③ 湿度。随着相对湿度的增加，茎叶处理除草剂的防效提高。当相对湿度低于 65%时，防效低，禁止喷洒茎叶处理除草剂；在高湿度条件下防效显著，但雾或露水大时施用药滴易从杂草叶面滴落而降低防效，也不宜施用。

④ 降雨。降雨会将茎叶处理除草剂从叶面冲洗掉，降低有效剂量，从而降低防效。各种茎叶处理除草剂被杂草吸收的速度不同，施药后要求的降雨间隔时间也不同。如烯禾定、吡氟禾草灵等吸收速度快，施药后 2～3 小时无雨，即有效；而灭草松、三氟羧草醚、氟磺胺草醚等施药后 6～8 小时不降雨，才有效。

⑤ 风。风可使茎叶处理除草剂的雾滴漂移和挥发从而造成损失，降低药效，同时，除草剂挥发和漂移到邻近的敏感作物上容易导致药害的发生。因此，禁止在大风天作业，一般喷洒时风速不超过 5 米/秒。

七、减灾技术

164. 高温对大豆的危害有哪些？

夏季七八月高温伴随强辐射使得大豆叶片失水过快，导致叶片边缘向内卷曲，继而卷叠部分变干呈黄褐色，或者自叶尖开始焦枯卷曲，发展至整个叶片，严重时叶片边缘甚至整个叶片由于快速失水而发脆，整株死亡。鼓粒期间发生高温胁迫在一定程度上影响种子活力，降低种子发芽率和幼苗质量。见彩图 50。

165. 如何预防大豆高温？

(1) 不同大豆品种耐高温能力存在较大差异，生产上可选择耐高温大豆品种。

(2) 浇水是预防高温伤害的有效措施，可依据天气预报在早晚通过喷灌等形式浇水，避免中午浇水。

(3) 在大豆生育前期叶面喷施植物生长调节剂抑制植株徒长、增强抗逆能力。

(4) 在危害发生后，叶面喷施磷酸二氢钾、尿素溶液等促进大豆生长，降低损失。

166. 低温对大豆的危害有哪些？

大豆低温伤害包括春季晚霜危害和初秋早霜危害。见彩图 51。

(1) 春季晚霜危害影响大豆种子活力，严重时导致种子死亡，显著降低出苗率。处于子叶期的大豆对低温耐受能力强并可快速恢复生长，而处于真叶期及以后时期的大豆幼苗低温耐受能力弱，轻则大豆叶尖下垂、叶片边缘起皱纹，随着冷害持续，叶缘和叶尖出现水渍状斑块、叶组织变为褐色，严重时叶片萎蔫枯死。

（2）初秋早霜危害导致大豆叶片萎蔫，持续或严重低温时大豆叶片出现灰褐色、大片无光泽凹陷，似开水烫过，随后萎缩、腐烂。

167. 如何预防大豆低温？

（1）采取秋翻有利于春季地温快速回升，协调土壤内水、肥、气、热四相比例，对于春季低温寒潮有一定的缓冲作用。

（2）施用适量种肥和种衣剂拌种促进壮苗形成，有利于增强大豆幼苗抵抗低温冷害能力。

（3）适期播种，一般北方春大豆应在5厘米地温稳定达到6～8℃播种，可根据天气预报适当延后播种，避开低温天气。

（4）提前深松和培垄可提高地温，减轻低温危害。

（5）根据天气预报提前喷施植物防冻剂或施用复合生物菌肥等，在低温灾害发生后喷施磷酸二氢钾溶液等可促进大豆快速恢复生长、减少损失。

168. 干旱对大豆的危害有哪些？

（1）出现干旱时，大豆不同器官和组织间的水分，按各部位的水势高低重新分配。幼叶向老叶夺水，促使老叶死亡。叶子的扩展生长对缺水最为敏感，只要有轻微的水分胁迫，就会受到明显的影响。见彩图52。

（2）出现水分亏缺，叶温升高，气孔关闭，叶绿体受伤，光合作用显著下降，大豆叶片会出现萎蔫现象，严重干旱时叶片发黄、枯萎。

（3）严重干旱时，胚胎组织把水分分配到成熟部位的细胞中去，使花数减少；鼓粒期缺水，籽粒不饱满，严重影响产量。

169. 如何预防大豆干旱？

（1）选择抗旱性强的品种。

（2）选择合理的耕作方式，以秋整地秋起垄为宜，保墒蓄水，适当深播，合理密植，播后及时镇压。土壤墒情偏少而水源不足时要增加中耕次数，进行松土，增加铲趟次数，有利于切断土壤毛细管防止水分蒸发，有利于保墒防旱。

(3) 合理增加有机肥，提高土壤水分的利用率，推广测土配方施肥技术，根据当地土壤成分，确定合理而经济的氮磷钾比例，干旱年份适当减少氮肥施用量，增加磷钾肥施用量。

(4) 增打补水井，提高灌溉能力。在幼苗可适当少灌水以喷灌为好，在大豆开花结荚期遇到干旱必须灌水。可以采用沟灌或喷灌，一次性灌透水，无干土层，但灌后必须及时中耕松土除草，以提高地温促进大豆生长。

170. 涝害对大豆的危害有哪些?

(1) 大豆植物不耐受长期的淹水缺氧环境。淹水后，根系是受害最早、最重的器官，根生长受抑制，根系体积缩小，干重降低，分支和根毛减少，根尖变褐，根系逐渐变黑，甚至腐烂死亡。见彩图53。

(2) 叶片生长速度降低，新生叶窄而长，叶鞘及叶片紫色或紫红色，并从下部叶开始变化，逐渐向上推进，以致枯死脱落。株高、干重以及叶面积都不同程度降低，粒数和百粒重下降，产量减少。

171. 如何预防大豆涝害?

(1) 培育抗涝新品种，是有效提高大豆抗涝性的重要途径之一。

(2) 大豆淹水1～2天，叶片就会自下而上枯萎脱落。出现涝害时，需在耐淹时间内迅速排除田面积水。应根据具体条件，选用耐涝品种或在涝后改种其他耐涝作物。

(3) 淹涝由于淋溶和缺氧易减少土壤有效养分的供应，引起植株养分亏缺，特别是氮、磷、钾。因此，在水涝后向土壤中施入矿质肥料可以预防和补偿上述情况。另外，硝酸盐肥料还可能由于改善植物在厌氧条件下的能量代谢而有利于减轻淹水伤害。

(4) 在受淹程度较轻的情况下，通过使用化学调节剂也可以减轻淹涝对大豆的危害。

172. 盐碱对大豆的危害有哪些?

大豆植株受盐碱危害时，会导致出苗率低，植株生长矮小，营养生长受阻，花期提前，产量极低。见彩图 54。

173. 如何预防大豆盐碱?

(1) 施用有机肥基础上，配施生理酸性肥料，降低土壤碱性，改变土壤胶体吸附性阳离子的组成。

(2) 应用化学改良剂。

(3) 种植耐盐碱植物。

174. 如何预防大豆早霜?

(1) 熏烟 用秸秆、树叶、杂草等作燃料，当气温降到作物受害的临界温度（1～2 ℃）时，选在上风向点火，慢慢熏烧，使地面笼罩一层烟雾，可降低辐射冷却，提高近地面的温度 1～2 ℃。田间熏烟堆要布置均匀，在上风方向，堆的密度应较大，以利于烟雾控制整个田面。此外，用红磷等化学药物在田间燃烧，形成烟幕，也有防霜效果。

(2) 霜冻后管理 如果叶片功能受损，喷施芸薹素等调节物质进行缓解；如果叶片受损严重，植株割倒晾晒，促进物质转运。

175. 如何预防大豆雹灾?

冰雹是春夏季节一种对农业生产危害较大的灾害性天气。根据一次降雹过程中，多数冰雹的直径、降雹累计时间和积雹厚度，可以将冰雹分为轻雹、中雹和重雹三级。春夏季节当地表的水被太阳暴晒汽化，然后上升到了空中，许许多多的水蒸气在一起，凝聚成云，此时相对湿度为 100%，当遇到冷空气则液化，以空气中的尘埃为凝结核，形成雨滴或冰晶，越来越大，当气温降到一定程度时，空气的水汽过饱和，于是就下雨了，如果温度急剧下降，就会结成较大的冰团，也就是冰雹。我国北方的山区及丘陵地区，地形复杂，天气多变，冰雹多，受害重，对农业危害很大。雹灾是中国严重灾害之一。

见彩图55。

在大豆生育期间，如果遇到雹灾，要根据具体情况进行减灾防灾。如果在第一片复叶长成前遇到雹灾，应当采用早熟品种或其他生育期短的作物进行毁种。如果在第一片复叶长成后遇到雹灾，尽管植株生长点和叶片被打坏，但子叶节和复叶的腋芽均可发育成分枝，因此，只要灾后每公顷追施150千克尿素，并加强生育后期田间管理，即可减轻雹灾的危害，不需要毁种。

八、优质安全

176. 大豆原粮质量标准是什么?

为了保证收购大豆原粮的质量，早在1978年国家有关部门就制订了国家标准《大豆》(GB 1352—1978)，1986年又根据新形势要求对该标准进行了修订，修订后的《大豆》(GB 1352—1986) 标准适用于大豆的收购、销售、调拨、储存、加工和出口的商品大豆。该标准根据大豆的种皮颜色和粒形分为五类：黄大豆（东北黄大豆，一般黄大豆)、青大豆（青皮青仁大豆，青皮黄仁大豆)、黑大豆（黑皮青仁大豆，黑皮黄仁大豆)、其他大豆（种皮为褐色、棕色、赤色等单一颜色的大豆)、饲料豆（秣食豆)。并按纯粮率对大豆进行了质量分等级，表1为该标准规定的等级指标和其他质量指标值。标准规定各类大豆以三等级为中等标准，低于五等级的为等级外大豆。

表1 大豆等级指标及其他质量指标（%）

纯粮率		杂质	水分		色泽、气味
等级	最低指标		东北、华北地区	其他地区	
1	96.0	≤1.0	≤13.0	≤14.0	正常
2	93.5				
3	91.0				
4	88.5				
5	86.0				

177. 豆制食品业用大豆和油脂业用大豆质量标准是什么?

为了规范大豆行业市场，保证我国大豆产业的健康发展，1988

年根据豆制品食品行业和油脂加工行业的需要，国家又颁布了《豆制食品业用大豆》（GB 8612—1988）和《油脂业用大豆》（GB 8611—1988）标准。《豆制食品业用大豆》标准适用于豆制食品业用大豆，该标准以水溶性蛋白含量为分等依据，将大豆分为三个等级，低于三等级的大豆为等级外大豆，等级外大豆不能作豆制食品业用原料。表2为豆制食品业用大豆的等级指标及其他质量指标。

表2　豆制食品业用大豆的等级指标及其他质量指标（%）

水溶性蛋白（干基）		杂质	水分	子叶变色粒	病斑粒与霉变粒合计	虫食粒与破碎粒合计	色泽气味
等级	最低指标						
1	34.0	≤1.0	≤14.0	≤5.0	≤2.0	≤10	正常
2	32.0						
3	30.0						

《油脂业用大豆》标准适用于油脂业用大豆，该标准规定，油脂业用大豆按脂肪含量进行分等级。等级指标及其他质量指标见表3。低于五等级的大豆不能作油脂业用原料。

表3　油脂业用大豆等级指标及其他质量指标（%）

等级	脂肪（干基）	杂质	水分	子叶变色粒	不完善粒		色泽气味
					总量	其中：霉变粒	
1	≥20	≤1.0	≤14.0	≤20	≤20.0	≤5.0	正常
2	≥19						
3	≥18						
4	≥17						
5	≥16						

178. 绿色食品大豆质量标准是什么？

1995年农业部颁布了《绿色食品大豆》（NY/T 285—1995）标准，该标准规定了绿色食品大豆的术语、技术要求、检验方法、检验规则，以及标志、包装、运输、贮藏。并明确标准只适用于获得绿色食品标志的大豆。标准规定大豆原料产地环境必须符合绿色食品产地的环境标准；大豆的感官要求必须具有正常大豆的色泽及气味，不得有发霉变质现象；同时必须符合表 4 规定的理化指标。进行绿色食品大豆检验时，检验项目包括感官、理化要求中的全部项目。受检样品的感官指标和卫生指标必须合格；其他指标允许有一项不合格，当超过一项时，则判定整批产品为不合格品。

表 4　绿色食品大豆的理化指标

项　目	指　标
纯粮率（%）	≥96
杂质（%）	≤1.0
不完善粒（%）	≤9.0
水分（%）	≤13
蛋白质（干基）（%）	≥40
脂肪（干基）（%）	≥20
磷化物（以 PH_3 计）（毫克/千克）	≤0.04
氰化物（以 HCN 计）（克/千克）	≤0.2
氯化物（毫克/千克）	≤0.2
二硫化碳（毫克/千克）	≤1.0
砷（毫克/千克）	≤0.1
氟（毫克/千克）	≤0.8
汞（毫克/千克）	≤0.01
黄曲霉毒素 B_1（微克/千克）	≤5
滴滴涕（毫克/千克）	≤0.05
六六六（毫克/千克）	≤0.05
马拉硫磷（毫克/千克）	≤0.1
乐果（毫克/千克）	≤0.02
敌敌畏（毫克/千克）	≤0.05
杀螟硫磷（毫克/千克）	≤0.2
倍硫磷（毫克/千克）	≤0.02

注：其他农药施用方式及其限量应符合《绿色食品　农药使用准则》（NY/T 393—2020）之规定。

179. 大豆油质量标准是什么？

2017年国家颁布了《大豆油》（GB/T 1535—2017）国家标准，该标准将大豆油分为大豆原油、压榨成品大豆油、浸出成品大豆油三类。大豆原油是指未经任何处理的不能直接供人类食用的大豆油；压榨成品大豆油是指大豆经直接压榨制取的、经处理符合成品油质量指标和卫生要求的直接供人类食用的大豆油；浸出成品大豆油为大豆经浸出工艺制取的、经处理符合成品油质量指标和卫生要求的、直接供人类食用的大豆油。《大豆油》标准规定了油的特征指标（表5）及质量分等指标（表6、表7）。凡标识“大豆油”的产品均应符合《大豆油》（GB 1535—2017）标准。另外，标准还规定如果加工原料是转基因大豆，转基因大豆油要按国家有关规定标识，在包装上要标明“转基因”字样，以维护消费者的知情权。压榨大豆油、浸出大豆油要在产品标签中分别标识“压榨”“浸出”字样。

表5 大豆油的特征指标

项目	指标
折光指数	1.466～1.470
相对密度	0.919～0.925
碘值（I）（克/克）	1.24～1.39
皂化值（KOH）（毫克/克）	189～195
不皂化物（克/千克）	≤15
脂肪酸组成（%）	
月桂酸 C12:0	ND～0.1
豆蔻酸 C14:0	ND～0.2
棕榈酸 C16:0	8.0～13.5
棕榈一烯酸 C16:1	ND～0.2
十七烷酸 C17:0	ND～0.1
十七碳一烯酸 C17:1	ND～0.1
硬脂酸 C18:0	2.0～5.4
油酸 C18:1	17.0～30.0

（续）

项目	指标
亚油酸 C18:2	48.0～59.0
亚麻酸 C18:3	4.2～11.0
花生酸 C20:0	0.1～0.6
花生一烯酸 C20:1	ND～0.5
花生二烯酸 C20:2	ND～0.1
山嵛酸 C22:0	ND～0.7
芥酸 C22:1	ND～0.3
木焦油酸 C24:0	ND～0.5

注：①上列指标与国际食品法典委员会标准 CODEX STAN 210—2009（2015）《指定的植物油法典标准》的指标一致。②ND 表示未检出，定义为 0.05%。

表 6 大豆原油质量指标

指标类型	项目	质量指标
非强制指标	气味、滋味	具有大豆原油固有的气味和滋味，无异味
	水分及挥发物（%）	≤0.20
	不溶性杂质（%）	≤0.20
强制指标	酸值（KOH）（毫克/克）	按照 GB 2716—2018 执行
	过氧化值（毫摩尔/千克）	按照 GB 2716—2018 执行
	溶剂残留量（毫克/千克）	按照 GB 2716—2018 执行

表 7 压榨成品大豆油、浸出成品大豆油质量指标

指标类型	项目		质量指标			
			一级	二级	三级	四级
非强制指标	色泽	罗维朋比色槽 25.4 毫米≤	—	—	黄 70 红 4.0	黄 70 红 6.0
		罗维朋比色槽 133.4 毫米≤	黄 20 红 2.0	黄 35 红 4.0	—	—
	气味、滋味		无气味、口感好	气味、口感良好	具有大豆油固有的气味和滋味，无异味	具有大豆油固有的气味和滋味，无异味

（续）

指标类型	项目		质量指标			
			一级	二级	三级	四级
非强制指标	透明度		澄清、透明	澄清、透明	—	—
	水分及挥发物（%）≤		0.05	0.05	0.10	0.20
	不溶性杂质（%）≤		0.05	0.05	0.05	0.05
	加热试验（280℃）		—	—	无析出物，罗维朋比色：黄色值不变，红色值的增加小于0.4	微量析出物，罗维朋比色：黄色值不变，红色值增加小于4.0，蓝色值增加小于0.5
	含皂量（%）≤		—	—	0.03	—
	烟点（℃）≥		215	205	—	—
	冷冻试验（0℃储藏5.5小时）		澄清、透明	—	—	—
强制指标	酸值（KOH）（毫克/克）≤		0.20	0.30	1.0	3.0
	过氧化值（毫摩尔/千克）≤		5.0	5.0	6.0	6.0
	溶剂残留量（毫克/千克）	浸出油	不得检出	不得检出	≤50	≤50
		压榨油	不得检出	不得检出	不得检出	不得检出

注：划有“—”者不做检测。压榨油和一、二级浸出油的溶剂残留量检出值小于10毫克/千克时，视为未检出。

180. 绿色食品大豆油质量标准是什么？

1995年农业部颁布了《绿色食品大豆油》（NY/T 286—1995）标准，该标准规定：原料要求必须符合绿色食品大豆标准的大豆；原料产地环境要求必须符合绿色食品产地的环境标准。绿色食品大豆油的特征为：折光指数1.472 0～1.477 0，比重0.918 0～0.925 0，同时应满足表8所列的感官指标和表9所列的理化指标。

表 8 绿色食品大豆油的感官指标

项　目	要　求
色泽（罗维朋比色槽 25.4 毫米）	黄 70 红 4.0
透明度	澄清、透明、无任何悬浮物
气味、滋味	具有大豆油固有的气味和滋味、无异味

表 9 绿色食品大豆油的理化指标

项　目	指　标
水分及挥发物（%）	≤0.10
杂质（%）	≤0.10
含皂量（%）	≤0.02
加热试验 280 ℃	油色不得变深，无析出物
酸价（毫克/千克）	≤1.0
过氧化值（meq/千克）	≤10
羰基价（meq/千克）	≤12
浸出油溶剂残留量（毫克/千克）	≤15
砷（毫克/千克）	≤0.08
汞（毫克/千克）	≤0.05
黄曲霉毒素 B_1（微克/千克）	≤5
苯并（a）芘（毫克/千克）	≤5
马拉硫磷（毫克/千克）	不得检出
乐果（毫克/千克）	不得检出
敌敌畏（毫克/千克）	不得检出
杀螟硫磷（毫克/千克）	不得检出
倍硫磷（毫克/千克）	不得检出

注：其他农药施用方式及其限量应符合《绿色食品　农药使用准则》（NY/T 393—2020）之规定。

181. 大豆油的贮藏标准是什么?

大豆油在贮藏中，容易受油脂本身所含水分、杂质及空气、光线、温度等环境因素的影响而酸败变质。因此，贮藏大豆油必须尽量减少其中的水分和杂质含量，贮藏在密封的容器中，放置在避光、低温的场所。通常的做法是，油品入库或装桶前，必须将装具洗净擦干，同时认真检验油品水分、杂质含量和酸价高低，符合安全贮藏要求的方可装桶入库。大豆油中水分、杂质含量均不得超过0.2%，酸价不得超过4。桶装油品不宜过多过少。装好后，应在桶盖下垫以橡皮圈，将桶盖拧紧，防止雨水和空气侵入。同时每个桶上要及时注明油品名称、等级、皮重、净重及装桶日期等，以便分类贮存和推陈贮新。桶装油品以堆放仓内为宜，如需露天堆放，桶底要垫以木块，使之斜立，桶口齐平排列，防止桶底生锈和雨水从桶口浸入；高温季节要搭棚遮阴，以防受热酸败；严冬季节在气温低的地区，无论露天或库内贮藏，都要用稻草、谷壳等围垫油桶，加强保温，防止油品凝固。

182. 什么是转基因大豆?

转基因大豆就是利用现代生物技术手段，将其他生物的单一或一组基因（即目的基因）有目的地转移到需要改良的大豆（即目标品种）中，获得的表达目的基因的品种。转基因有很强的目的性，只转移需要的基因，如高产、优质、抗病虫、抗逆或抗除草剂等，而将不需要的或有害的基因统统拒之门外，这就大大加快了大豆品种改良的进程。同时，现代的生物技术还可以将亲缘关系较远的生物中的基因，甚至是人工合成的基因转移到需要的大豆品种中，把自然的和传统的人工杂交做不到的事情变成现实。

183. 食用转基因大豆是否安全?

关于转基因食品对人的影响问题，看法不一。我国有几位科学家提出，转基因食品并不是“洪水猛兽”，可以放心地正常食用。每一个转基因大豆品种在投放市场前，都要进行严格的食物安全评估。第一，所转基因必须来自对人畜无毒和过敏史的生物；第二，转基因产生的蛋白与已知毒素蛋白或过敏原的结构上没有相似性；第三，在转基因作物可食部分中表达水平不高；第四，在胃中能迅速分解；第五，在加热或正常烹饪的条件下能被分解；第六，在急性和慢性毒性试验中没有明显的副作用。只有通过了这些评估，才能认为是安全的，但对人体健康及生态环境的影响仍待进一步提高。

九、栽培技术

184. 大豆“三垄”栽培模式技术要点有哪些？

大豆“三垄”栽培技术是以垄底深松、垄体分层施肥和垄上精量播种三项技术为核心的大豆综合高产栽培技术。黑龙江八一农垦大学采用农机与农艺相结合多学科联合攻关，于1985年研制成功“三垄”耕种机，该机具能够将播种、施肥、深松一次作业完成。大豆“三垄”栽培技术能改善土壤耕层结构，扩大土壤容量，促进土壤的通透性，提高地温，进而协调水、肥、气、热的关系，促进大豆根系的生长；垄上双条精播，可使植株分布匀度更佳，克服了以往条播出苗不匀的现象，能增加绿色面积，提高光能利用率；分层施肥可以提高肥料利用率，改变原来浅施肥的做法，发挥施肥部位效应，使大豆根系接触肥料的面积增加，保证了大豆花荚期对养分的需求，防止植株早衰。“三垄”栽培技术模式适宜在低湿地区、土壤冷凉、土壤含水量较高地区应用。在风沙、干旱、年降雨量较低地区不宜采用此项模式。

“三垄”高效栽培模式的技术要点为：①伏秋整地、秋起垄。“三垄”栽培技术由于采用精播，对整地质量要求很高。要做到伏秋精细整地，深松起垄，垄向要直，垄宽一致（一般60～70厘米），耕层土壤细碎、平整，第二年春天在垄上直接播种。整地和播种也可在春季完成。②分层施肥。播种时将肥料施在两行苗的中间部位。施肥量大时，第一层占施肥总量30%～40%，施在种下4～5厘米处；第二层占施肥总量的60%～70%，施于种下8～15厘米处。在施肥量偏少的情况下，第二层施在种下8～10厘米处即可。③品种选择与合理密植。选用喜肥水、秆强抗倒的品种。播种密度依据地区、施肥水平和品种特性确定，东北北部地区通常每公顷保苗在 22.5 万～30 万株。④配套耕播机具。大功率拖拉机牵引的有 2BTGL－12 型，中型拖拉机牵引的有 2BTGL－6 型和 LFBT－6 型，小型拖拉机牵引的有 2BTGL－2 型和 2BT－2 型。

185. 大豆“窄行密植”栽培模式技术要点有哪些?

随着除草技术的发展和抗倒伏新品种的育成，出现了窄垄密植的栽培方式。窄垄密植的技术关键是：矮秆、半矮秆抗倒伏的大豆良种；窄行高密度种植；化学除草免耕种植；配套的肥水调控技术等。窄垄密植方式比常规栽培体系增产 23.4％～24.0％。我国大豆窄行密植栽培技术是结合黑龙江省的自然特点、生产条件，在吸收、消化、利用国外大豆窄行密植技术的基础上，以矮秆品种为突破口，吸收大豆深松与分层施肥栽培技术而逐步形成的大豆新型栽培技术，一般比“三垄”栽培模式增产 15％以上。大豆窄行密植栽培技术包括平作窄行密植（平窄密），大垄窄行密植（大垄密）和小垄窄行密植（小垄密、小双密）三种模式。在目前条件下，平作窄行密植适于机械化水平高、化学除草技术好、地多人少的地区；大垄窄行密植适于热量资源较为丰富、土壤肥力较高、栽培管理较为细致的地区；小垄窄行密植较适宜于土壤肥力低的地区和较为冷凉的地区。

窄行密植高效栽培模式的技术要点为：①选用矮秆、半矮秆抗倒伏品种。适合窄行密植的品种有红丰 11 号、合丰 25 号、北丰 11 号等。②深松土壤。大豆窄行密植栽培技术对土壤耕层要求较为严格，它需要一个良好的土壤耕层条件，要达到耕层深厚、地表平整、土壤细碎。有深翻、深松基础的地块，可进行秋耙茬，耙深 12～15 厘米，以耙平耙细为宜。土壤耕作以深松为主，可采用 ISQ－250 型全方位深松机或用大犁改装的深松机。要求打破土壤犁底层，深松深度要达到 25～30 厘米，耕层以下 6～15 厘米，要求深浅一致，不得漏松。③合理施肥。大豆窄行密植要实现高产，必须增加肥料的投入并合理施用。中等肥力地块，农肥施用量在 20 吨/公顷以上，化肥要氮、磷、钾合理搭配，施用量要比常规垄作增加 10％以上，分层深施于种下5厘米和12厘米，并在花期喷施叶面肥。叶面施肥可在大豆开花初期与结荚初期各施一次，每公顷可用尿素5～10千克+磷酸二氢钾3千克，兑水500～600千克喷施。④必须搞好化学除草。由于窄行密植生育期间田间作业困难，因此必须搞好播前或播后苗前的化学除草，要根据当地杂草群落，选择效果好、污染小的除草剂，严格技术标准，实现一次性的彻底除草，以防草荒。⑤选用适合的播种机械进行精量播种。播种密度要依据土壤、品种、行距等情况确定。一般播种密度可在每公顷45万株左右。各方面条件优越，肥力水平高的，要降低10%的播量；整地质量差、肥力水平低的，要增加10%的播量。

186. 大豆“垄双”栽培模式技术要点有哪些？

“垄双”栽培模式是指在60～70厘米的垄上双行点播，密度一般为每公顷25万～30万株，采用单体或小型双行播种机播种。“垄双”栽培模式增加了保苗株数，提高了土地利用率；土壤保墒性能好，提高了供水能力。“垄双”栽培模式适合小地块应用，是吉林省固有的大豆增产技术。栽培要点如下：①选用肥力较高地块正茬种植。②秋季耕翻地，精细整地起垄。③选用良种，并进行种子拌种或者包衣。④精播细种保全苗。

187. 大豆“原垄卡种”栽培模式技术要点有哪些？

“原垄卡种”栽培模式是在玉米等作物原垄过冬的前提下，来年经简单的耙耢作业后，在原垄上直接播种大豆。大豆“原垄卡种”是在充分保持玉米等原有垄型的基础上，有效利用玉米的残肥，节省肥料的投入，田间作业少可减少土壤水分的散失，有利于保墒增温，并可降低能耗，便于争得农时及时播种，有利于保证苗全、苗齐、苗壮。大豆“原垄卡种”适合在前茬为玉米等作物、整地条件较好、土壤较干旱的地区应用。栽培要点如下：①通常前茬为玉米等作物，并且在玉米收获后，搞好田间清理。②播种量较正常量增加10%～15%。③采取播后苗前封闭灭草，封闭效果不好，可以再采取茎叶处理1～2次。④苗后垄沟深松，深度35厘米；中耕3次；喷施叶面肥

2～3 次。⑤人工除草 1～2 次。

188. 大豆“行间覆膜”栽培模式技术要点有哪些?

大豆行间覆膜技术具有保墒、集雨、增温、防草、促进土壤微生物活动和养分有效利用的作用，可以延长大豆生育期，抗旱、增产效果显著，主要有平作行间覆膜和大垄垄上行间覆膜两种技术模式。一般干旱地区、风沙较大地区采用平作行间覆膜。在生育前期干旱、后期雨水较多的地区采用大垄垄上行间覆盖。不适用于无干旱发生的地区或者涝洼地、易内涝的地块。栽培要点如下：①在土壤水分适宜时进行伏秋整地，严禁湿整地。②品种选择要根据当地积温或无霜期，选用适宜熟期类型的品种，保证品种在正常年份能充分成熟，又不浪费有效的光热资源，一般选用当地主栽品种或与主栽品种熟期相近、主茎发达、中短分枝、茎秆直立、单株生产力高、秆强抗倒伏的品种。③大豆行间覆膜，要选用拉力较强、厚度为 0.01 毫米、宽度为 60～70 厘米的地膜。要求覆膜笔直，两边压土各 10 厘米，风沙小的地区每间隔 10～20 米膜上横向压土，风沙大的地区每间隔 5～10 米膜上横向压土，防止大风掀膜。并要使膜成弓形，以利于接收雨水。④残膜回收最好在大豆封垄前进行，将残膜全部清理、回收，最好使用起膜中耕机，随起膜随中耕，防止后期杂草生长并接纳雨水，起膜后覆膜的行间进行中耕，可防止杂草后期生长并接纳雨水，防旱防涝。

189. 大豆“宽台大垄匀密”栽培模式技术要点有哪些?

大豆“宽台大垄匀密”栽培技术主要围绕大豆生产中的旱涝灾害频发、肥料利用率低、群体抗逆能力弱、比较效益差等主要限制因素，集成组装的一项高产栽培技术，集成的技术主要包括：①抗旱保墒土壤耕作技术，以“宽台大垄”为载体，构建抗旱保墒土壤耕作技术和大豆玉米相互卡种少耕技术。②耐密抗倒优质资源筛选与培育技术，筛选秆强、耐密、优质高效的大豆品种。③群体调控技术，采取大豆全生育期化学调控技

视频6
大豆第一次
中耕作业

术，构建合理的匀密群体，协调群体形态建成，提高大豆抗倒伏和抗灾能力。④安全高效集约施肥技术，构建立体诊断安全高效集约施肥系统，研究科学追肥（注重微量元素）方法，防止后期因脱肥而落花落荚。具体栽培要点如下：

视频7
大豆第二次中耕作业

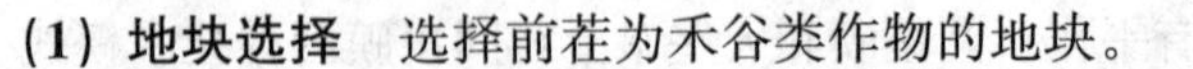

（1）地块选择 选择前茬为禾谷类作物的地块。

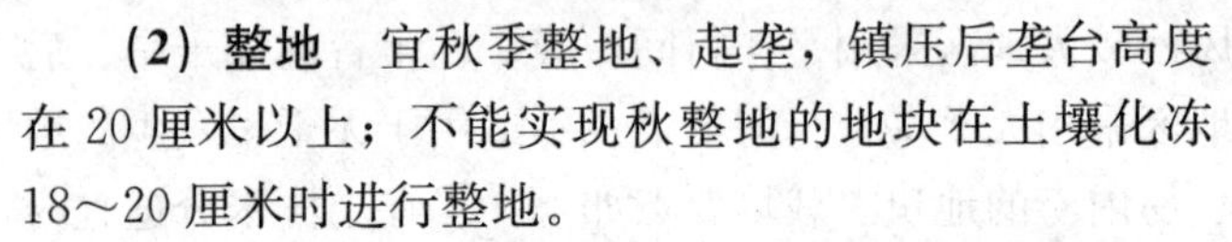

（2）整地 宜秋季整地、起垄，镇压后垄台高度在20厘米以上；不能实现秋整地的地块在土壤化冻18～20厘米时进行整地。

视频8
大豆秋收作业

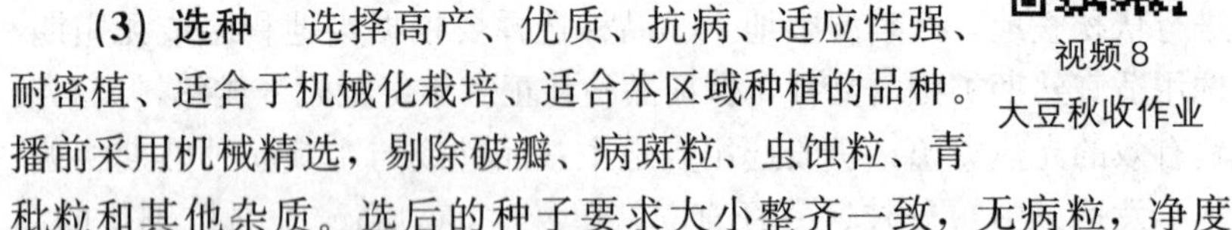

（3）选种 选择高产、优质、抗病、适应性强、耐密植、适合于机械化栽培、适合本区域种植的品种。播前采用机械精选，剔除破瓣、病斑粒、虫蚀粒、青秕粒和其他杂质。选后的种子要求大小整齐一致，无病粒，净度99%以上，发芽率95%以上，含水量不高于12%。

（4）施肥 ①施肥总量，一般氮、磷、钾可按1∶（1.1～1.5）∶（0.5～0.8）的比例，总施肥量每公顷225～300千克。②种肥。播种时，每公顷施用30～45千克磷酸氢二铵作为种肥，切忌种、肥同位，以免烧种。③底肥，总施肥量中扣除种肥作为底肥。底肥要做到分层侧深施，上层施于种下5～7厘米处，施肥量占底肥量的1/3。下层施于种下10～12厘米处，肥量占底肥量的2/3（积温较低冷凉地区，适当减少下层施肥比例）。在采取减肥措施如混拌肥料增效剂情况下，肥料商品量可在常规施肥的基础上减少25%用量。④追肥。依据大豆生育时期、营养特性和营养状态选择叶面肥种类。一般苗期喷施氨基酸叶面肥、适量的含氮叶面肥，开花结荚期叶面喷施含氨基酸、磷、钾、硼、锌、钼等大、微量元素叶面肥，鼓粒期叶面喷施含磷、钾、硼、钼等营养元素的叶面肥。生产中可依据所购叶面肥使用说明进行。

（5）播种 ①播种时期。一般5厘米地温稳定通过8℃时开始播种。②播种方法。采用宽台大垄匀密栽培技术种植，及时镇压，垄上3～4行。垄上4行，1～2、3～4行间距10～12厘米，2～3行间距24厘米；垄上3行的，行距在22.5～25厘米，中间一行比边行降密

1/4～1/3。种子应播到湿土层，播深控制在镇压后3～5厘米为宜。要求覆土薄厚一致，利于全苗、齐苗。播种时要求播量准确，正负误差不超过1%，百米偏差不超过5厘米，播到头，播到边。③播种密度。每公顷保苗株数建议黑龙江省南部区30万～32万株，中部区33万～35万株，北部区36万～38万株。具体播量依据品种的耐密性、土壤肥力、施肥量、降雨及灌溉情况适当调整。

(6) 田间管理 大豆生育期间进行2～3次中耕，应在土壤墒情适宜时进行。第一次中耕（深松垄沟）带双杆尺，在大豆1～2片复叶时进行第一次中耕，深度在25厘米以上，条件允许的可达30厘米以上。深松杆尺两侧配带碎土装置，切碎大土块，同时弥合深松后留下的缝隙，达到既防寒增温又保墒的作用。第二、三次中耕选择双杆尺、起垄铧、挡土板，起到散土、灭草、培土作用。

(7) 化学调控 如预期大豆花荚期降水量充沛，应提前在开花初期选用化控剂进行调控，控制大豆徒长，调整株型，防止后期倒伏。常用的大豆化控剂有三碘苯甲酸、增产灵、多效唑、亚硫酸氢钠等，可按说明书使用。

(8) 化学除草 ①土壤封闭处理。根据主要杂草种类选择安全、高效、低毒的除草剂进行化学除草，禁止使用长残效除草剂。同时在春季干旱区宜采取苗后除草，土壤墒情好的地区宜采取土壤封闭处理的方式施药。注意苗前封闭除草避免拱土期施药，易产生药害。多数杂草已出土时施药，防效低。通常选择的苗前封闭除草剂主要有乙草胺、（精）异丙甲草胺等，按说明书施药。②苗后茎叶处理。在大豆出苗后1～2片复叶期，杂草2～4叶期，防除禾本科杂草除草剂进行苗后叶面喷雾处理。一次除草效果不好地区要进行二次茎叶除草处理拿大草。茎叶除草过早草不齐，除草过晚药害和抗药性严重，施药最晚不能晚于大豆3片复叶期，特殊情况下也可在初花期除草。通常选择的苗后除草剂主要有虎威、苯达松、克阔乐等，按说明书施药。

(9) 收获 ①收获原则。实行分品种单独收获，单储，单运。②收获时期。人工收获，落叶达90%时进行；机械联合收割，叶片全部落净、豆粒归圆时进行。③收获质量。割茬低，不留荚，割茬高度以不留底荚为准，一般为5～6厘米。收割损失率小于1%，脱粒损失率小于2%，破碎率小于5%，泥花脸率小于5%，清洁率大于95%。

190. “玉米大豆带状复合种植”栽培模式技术要点有哪些？

玉米大豆带状复合种植是在传统间套作的基础上创新发展而来，采用玉米带与大豆带复合种植，让高位作物玉米植株具有边行优势，扩大低位作物大豆受光空间，实现玉米带和大豆带年际间轮作，适于机械化作业、作物间和谐共生的一季双收种植模式。栽培技术要点如下：

（1）选用良种 玉米选用株型紧凑、适宜密植和机械化收获的高产品种。

（2）扩间增光 实行2行玉米带与3～4行大豆带复合种植。

（3）缩株保密 根据土壤肥力适当缩小玉米、大豆株距，达到净作的种植密度，一块地当成两块地种植。

（4）机播匀苗 播前严格按照株行距调试播种档位与施肥量（根据当地肥料含氮量折算来调整施肥器刻度），对机手作业进行培训，确保株距和行距达到技术要求。

（5）适期播种 播种前如果土壤含水量低于60%，则需要进行灌溉，有条件的地方可采用浸灌、浇灌等方式造墒播种，也可播后喷灌。

（6）调肥控旺 按当地净作玉米施肥标准施肥，或施用等氮量的玉米专用复合肥或控释肥（折合纯氮210～270千克/公顷）。大豆不施氮肥或施低氮量大豆专用复合肥，折合纯氮30～37.5千克/公顷；播种前利用大豆种衣剂进行包衣；根据长势在分枝期（苗期较旺或预测后期雨水较多时）与初花期用5%的烯效唑可湿性粉剂375～750克/公顷，兑水600～750千克喷施茎叶实施控旺。

（7）防病控虫 采取理化诱抗与化学防治技术相结合，示范基地安装智能LED集成波段太阳能杀虫灯＋性诱剂诱芯装置诱杀斜纹夜蛾、桃蛀螟、金龟科害虫等。

（8）机收提效 根据玉米大豆成熟顺序和收割机械选择收获模式。

主要参考文献

何永梅，杨雄，王迪轩，2021. 大豆优质高产问答［M］. 北京：化学工业出版社.

曹敏建，王晓光，2020. 耕作学［M］. 北京：中国农业出版社.

于翠花，谢甫绨，2016. 大豆良种区域化栽培技术［M］. 北京：中国农业出版社.

谢甫绨，张玉先，张伟，等，2017. 图说大豆生长异常及诊治［M］. 北京：中国农业出版社.

魏丹，2020. 黑土保护与大豆施肥百问百答［M］. 北京：中国农业出版社.

梁丹辉，曲春红，2020. 中国大豆产业发展的经济学分析［M］. 北京：中国农业科学技术出版社.

于立河，李佐同，郑桂萍，2010. 作物栽培学［M］. 北京：中国农业出版社.

史树森，2013. 大豆害虫综合防控理论与技术［M］. 长春：吉林出版集团有限公司.

王金陵，1991. 大豆生态类型［M］. 北京：中国农业出版社.

于振文，2003. 作物栽培学各论（北方本）［M］. 北京：中国农业出版社.

董钻，2000. 大豆产量生理［M］. 北京：中国农业出版社.

徐冉，2005. 大豆栽培与贮藏加工新技术［M］. 北京：中国农业出版社.

韩天富，2005. 大豆优质高产栽培技术指南［M］. 北京：中国农业科技出版社.

邓建平，黄银忠，2006. 无公害大豆标准化生产［M］. 北京：中国农业出版社.

谢甫绨，王海英，张惠君，2004. 高油大豆优质生产技术［M］. 北京：中国农业出版社.

陈立杰，王媛媛，朱晓峰，等，2011. 大豆胞囊线虫病生物防治研究进展［J］. 沈阳农业大学学报，42（4）：393-398.

高雪冬，顾鑫，杨晓贺，等，2021. 大豆灰斑病的发生及防治［J］. 现代农业科技（10）：102-104.

高凤菊，王建华，2009. 大豆紫斑病的发生规律及综合防治［J］. 大豆科技（5）：40-41.

郭红莲，1999. 大豆褐纹病发病规律的研究［J］. 黑龙江八一农垦大学学报（4）：105-109.

刘世名，李魏，戴良英，2016. 大豆疫霉根腐病抗性研究进展［J］. 大豆科学，35（2）：320-329.

杨森泠，张维，韦秋合，等，2021. 大豆菌核病研究进展［J］. 中国农学通报，37（27）：90-99.

郑翠明，常汝镇，邱丽娟，2000. 大豆花叶病毒病研究进展 [J]. 植物病理学报（2）：97-105.
张淑珍，徐鹏飞，吴俊江，等，2006. 黑龙江省大豆品种对细菌性斑点病的田间抗病性调查及室内接种鉴定分析 [J]. 东北农业大学学报（5）：588-591.
单志慧，谈宇俊，沈明珍，2000. 中国大豆种质资源抗大豆锈病鉴定 [J]. 中国油料作物学报（4）：63-64.
李建仁，2020. 大豆食心虫危害及防治措施 [J]. 安徽农学通报，26（8）：73-74+100.
孙雪，安明显，赵奎军，2012. 黑龙江省二条叶甲的发生及综合防治 [J]. 现代化农业（3）：4-5.
年海，2008. 豆秆黑潜蝇的为害特点及防治方法 [J]. 大豆科技（6）：7-8.
徐金彪，江延朝，赵同芝，2009. 绥化市斑须蝽发生世代及发生规律的研究 [J]. 作物杂志（5）：76-77.
高宇，陈菊红，史树森，2019. 大豆害虫点蜂缘蝽研究进展 [J]. 中国油料作物学报，41（5）：804-815.
任美凤，董晋明，李大琪，2021. 不同种衣剂对华北大黑鳃金龟幼虫的防治效果及解毒酶活性的影响 [J]. 植物保护，47（2）：128-134.
谢成君，1994. 黑绒金龟田间分布型及抽样技术初步研究 [J]. 干旱地区农业研究（4）：57-60+56.
庄宝龙，2020. 豆根蛇潜蝇发生规律及绿色防控技术研究 [D]. 哈尔滨：东北农业大学.
张林林，2012. 不同寄主植物对小地老虎生长发育和保护酶活力的影响 [D]. 杨凌：西北农林科技大学.
王平波，2002. 苜蓿夜蛾的发生与防治 [J]. 安徽农业（8）：23.
郭丽娟，2014. 黑龙江省大豆除草剂应用中出现的问题及应对之策 [J]. 大豆科技（4）：48-49.
由立新，2001. 鸭跖草生物学特性及防除技术的研究 [D]. 哈尔滨：东北农业大学.
吴惠云，2015. 黑龙江垦区大豆田化学除草技术 [J]. 大豆科技（5）：11-14.
李伟杰，2014. 黑龙江省北部地区大豆田杂草发生危害调查及化学防治研究 [D]. 北京：中国农业科学院.
靳路真，王洋，张伟，等，2019. 高温胁迫对不同耐性大豆品种生理生化的影响 [J]. 大豆科学，38（1）：63-71.
吕新云，赵晶云，任小俊，等，2021. 干旱胁迫下不同品种大豆籽粒发育期蛋白

质含量积累的研究 [J]. 安徽农业科学，49 (5)：50 - 52+55.

张德荣，张学君，1988. 大豆低温冷害试验研究报告 [J]. 大豆科学 (2)：125 -132.

韩亮亮，2011. 淹水胁迫对大豆生长和生理特性的影响 [D]. 南京：南京农业大学.

张春兰，曹帅，满丽莉，等，2020. 盐碱胁迫下大豆生理特性与干物质的相关研究 [J]. 种子，39 (2)：82 - 87.

土壤墒情不佳导致大豆出苗不齐

整地质量不佳导致大豆出苗不齐

播种太深导致大豆出苗不齐

土壤质量太差导致大豆出苗不齐和长势不良

地下害虫危害导致大豆幼苗死亡

彩图1　大豆出苗不好

大豆播种过深导致幼苗黄化

土壤渍水导致大豆幼苗黄化

除草剂对大豆幼苗的伤害

土壤贫瘠导致大豆幼苗营养不良

彩图 2　大豆幼苗黄化

大豆苗期缺氮症状

大豆开花期缺氮症状

大豆结荚期缺氮症状

彩图3　大豆缺氮症状

彩图4　大豆植株缺磷症状

苗期缺钾叶片症状

开花期缺钾症状

结荚期缺钾症状

彩图5 大豆缺钾症状

叶片严重缺铁和轻微缺铁症状

植株缺铁症状

幼苗期缺铁症状

开花期缺铁症状

结荚期缺铁症状

彩图6 大豆缺铁症状

严重缺锌叶片症状

苗期缺锌症状

彩图7 大豆缺锌症状

苗期严重缺钼症状

开花期严重缺钼症状

彩图8　大豆缺钼症状

彩图9　大豆缺锰症状

严重缺硼叶片症状

苗期严重缺硼症状

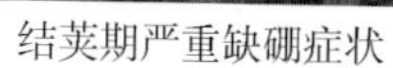
结荚期严重缺硼症状

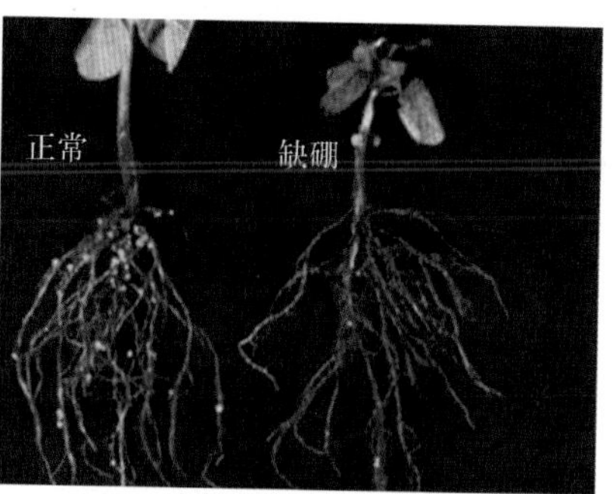

施硼与不施硼根系对比

彩图 10　大豆缺硼症状

缺硫叶片症状

缺硫植株

结荚期缺硫症状

彩图 11　大豆缺硫症状

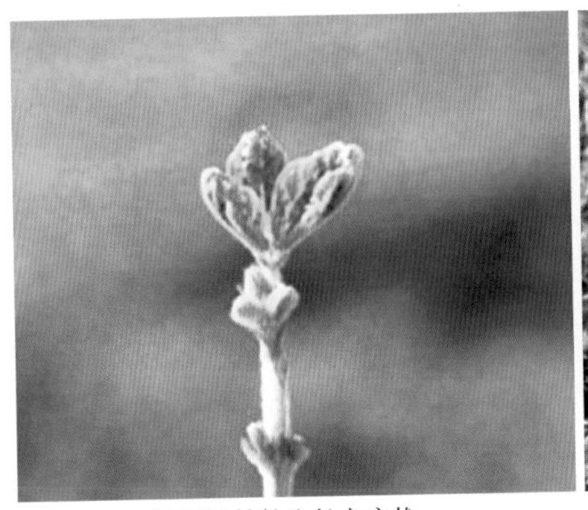

缺钙时植株生长点症状

苗期缺钙症状

缺钙幼叶症状

缺钙植株症状

彩图 12　大豆缺钙症状

被胞囊线虫侵染后的植株

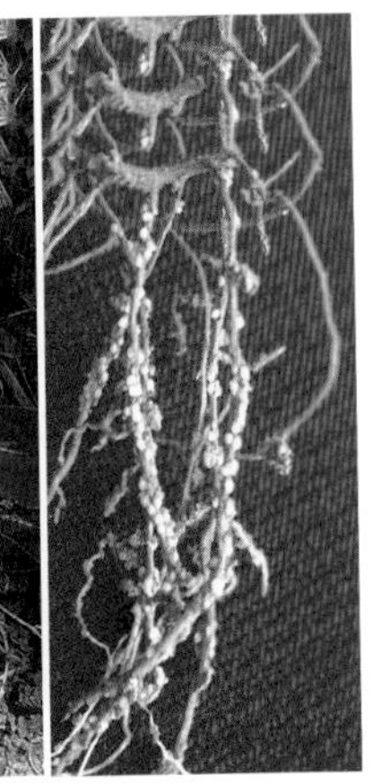

被胞囊线虫侵染后的大豆根系

胞囊线虫田间危害状

彩图 13　大豆胞囊线虫危害症状

叶片正面症状（宗春美提供）　　叶片背面症状

彩图 14　大豆霜霉病危害症状

叶片受害症状

粒部受害症状

田间大面积发病症状

彩图 15 大豆灰斑病危害症状

叶片受害症状

豆荚受害症状

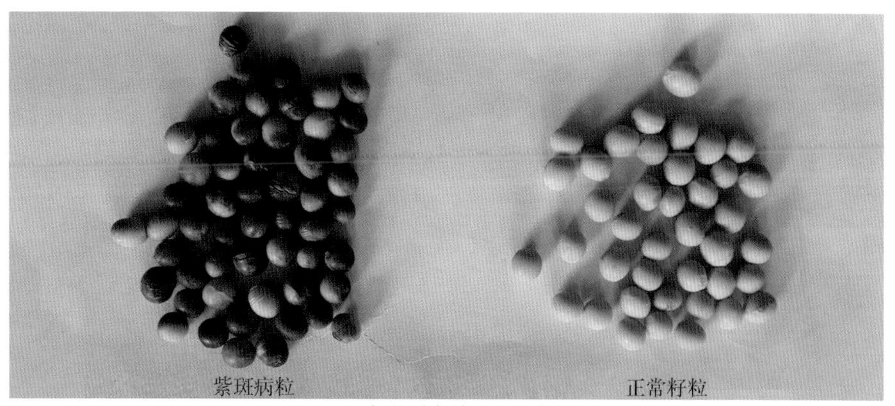

籽粒受害前后对比症状

彩图 16　大豆紫斑病危害症状

彩图 17　大豆褐斑病叶部危害症状

根部受害症状

田间危害状

彩图 18　大豆疫霉根腐病危害症状

茎部受害状

叶部受害状

田间大面积发病症状

彩图 19　大豆菌核病危害症状

轻度花叶病毒症状

皱缩型花叶病毒症状

重度花叶病毒症状

病粒症状

彩图 20　大豆花叶病毒病危害症状

受害叶片正面

受害叶片背面

田间危害状

彩图 21　大豆细菌斑点病危害症状

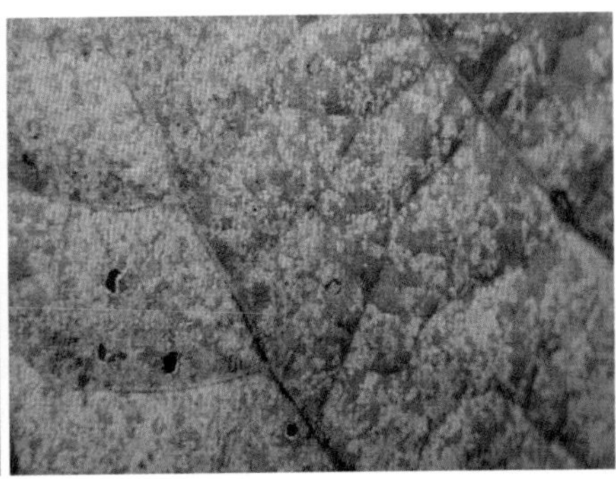

叶片受害症状

田间危害状

彩图 22　大豆锈病危害症状

蚜虫及其危害状

不同大豆品种的受害症状（上为感蚜品种，下为抗蚜品种）

大豆开花期蚜虫危害症状

彩图 23　大豆蚜虫及危害状

成虫

幼虫及对豆粒的危害症状

蛹

彩图 24　大豆食心虫及其危害状

幼虫

幼虫取食大豆叶片

彩图 25　大豆造桥虫及其危害状

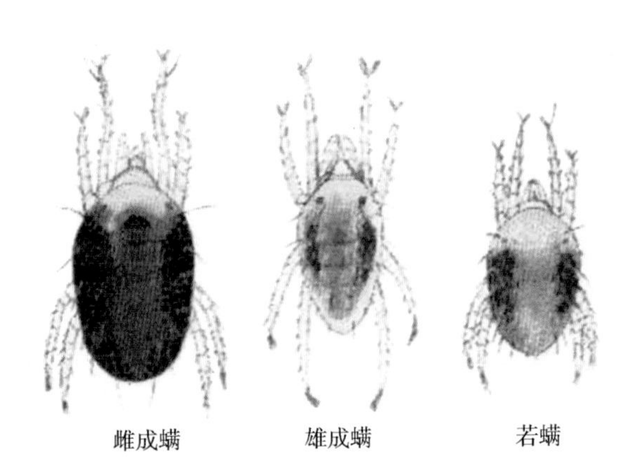

雌成螨　雄成螨　若螨

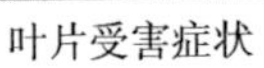

叶片受害症状

植株受害症状

彩图 26　大豆红蜘蛛及其危害状

彩图 27　双斑萤叶甲对大豆叶片的危害症状

彩图 28　大豆二条叶甲及其危害状

彩图 29　豆秆黑潜蝇幼虫蛀食大豆叶柄和茎秆

成虫　　若虫

受斑须蝽危害后大豆出现瘪荚现象

彩图 30　大豆斑须蝽及其危害状

成虫

点蜂缘蝽取食豆荚及危害状

彩图 31　大豆点蜂缘蝽及其危害状

幼苗的受害状

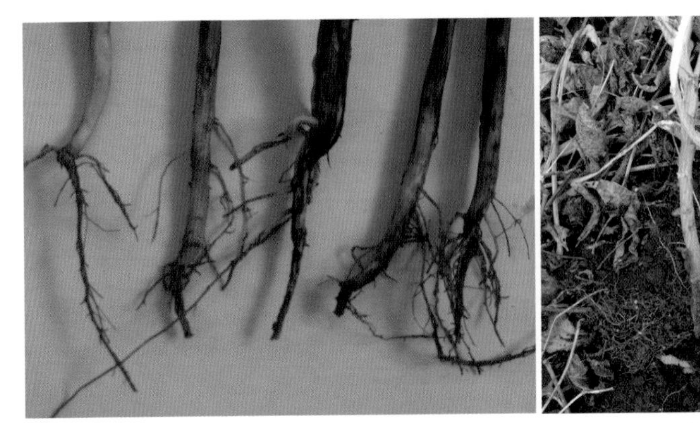

幼苗根系受害状　　成株根系受害状

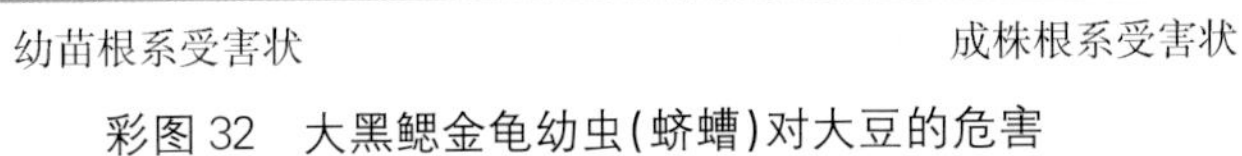

彩图 32　大黑鳃金龟幼虫(蛴螬)对大豆的危害

彩图 33　黑绒金龟对大豆幼苗取食危害

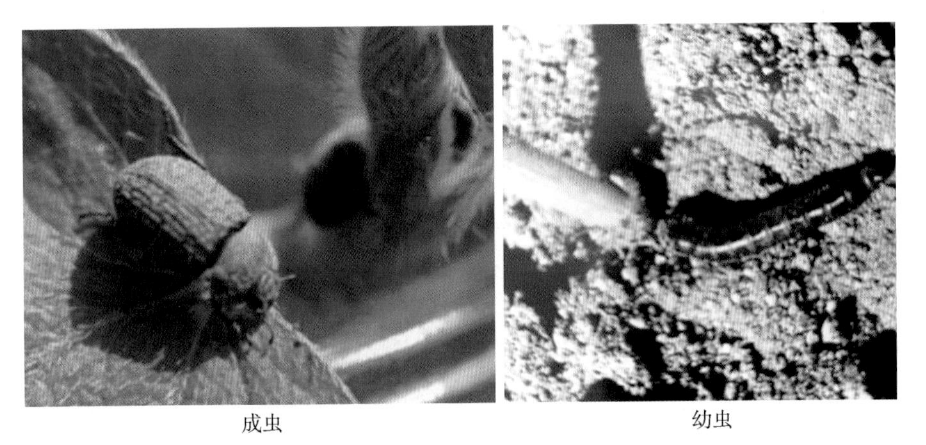

成虫　　幼虫

彩图 34　沙　潜

彩图35　蒙古土象成虫(左侧为雄虫,右侧为雌虫)

彩图36　豆芫菁危害大豆

豆根蛇潜蝇成虫

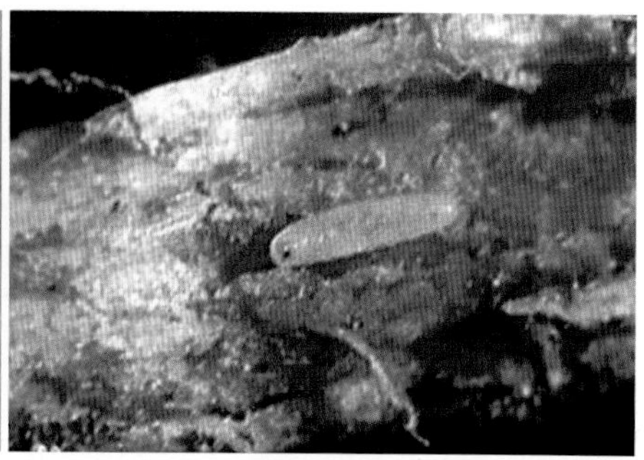

豆根蛇潜蝇幼虫危害大豆根系

彩图37　豆根蛇潜蝇

成虫

幼虫

彩图 38　小地老虎

彩图 39　大豆毒蛾幼虫及其危害状

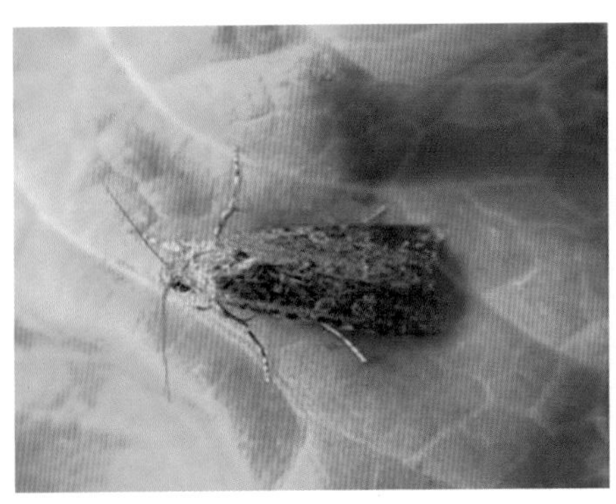

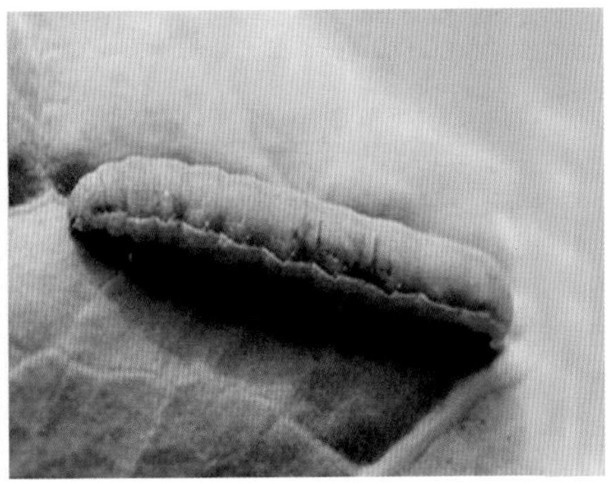

幼虫

蛹

幼虫危害状

彩图 40　大豆苜蓿夜蛾

彩图 41　豆卷叶野螟幼虫及其危害状

叶片危害状

田间危害状

彩图 42　斑缘豆粉蝶对大豆的危害症状

苗期侵染症状

生育中期侵染症状

生育后期侵染症状

彩图 43　菟丝子对大豆的侵染症状

苗期危害

分枝期危害大豆

生育后期危害

彩图 44　鸭跖草危害大豆

彩图 45　刺儿菜危害大豆

问荆形态图

田间危害状

彩图 46　大豆田问荆危害

彩图 47　大豆田芦苇危害

彩图 48　大豆田除草剂阿特拉津药害

彩图 49　大豆田苗后除草剂药害

高温造成大豆叶片灼伤

高温造成大面积大豆死亡

彩图 50　大豆高温危害

出苗期低温导致子叶期大豆死亡

苗期低温对大豆幼苗造成不同程度伤害

鼓粒期间低温造成大豆叶片萎蔫

鼓粒期间低温造成大面积大豆死亡

彩图 51　大豆低温危害

幼苗受旱症状

植株受旱症状

彩图 52　大豆干旱危害

彩图 53　大豆涝害

彩图 54　大豆植株盐碱危害

冰雹对大豆植株的伤害

雹灾过后大豆植株的恢复性生长

彩图 55　大豆雹灾